Tobias Glosauer

Mathematik in der Kursstufe

Band 0:

(Un)Gleichungen

ISBN-13: 978-1985120372

ISBN-10: 1985120372

Mathematik in der Kursstufe, Band 0: (Un)Gleichungen

1. Auflage, 2018

Tobias Glosauer, Kepler-Gymnasium, Alteburgstraße 26, 72762 Reutlingen

Druck: Siehe letzte Seite.

Vorwort

Mit dem Wegfall des grafikfähigen Taschenrechners (GTR) im baden-württembergischen Abitur ab 2019 rückt das Lösen von (Un)Gleichungen „von Hand" wieder mehr in den Blickpunkt – und das ist auch gut so! Ist dies doch eine *der* grundlegenden Fähigkeiten, die man aus der Schule mitbringen sollte, wenn man später in Ausbildung oder Studium mit Mathematik konfrontiert wird.

Erfahrungsgemäß bilden sich bei vielen SchülerInnen über die Jahre gerade in diesem Bereich einige Lücken. Dieses Büchlein soll dabei helfen, sie zu schließen.

Die Stoffauswahl orientiert sich an den in [4] aufgeführten Vorgaben für das Abitur 2019 in Baden-Württemberg. Wer noch etwas mehr in die Tiefe gehen möchte (mit Themen wie z.B. Polynomdivision oder Bruchungleichungen), sei auf Kapitel 7 von [3] verwiesen.

Rück- und Fehlermeldungen bitte an gl.kepi@gmail.com richten; Korrekturen werden auf der Seite http://gl.jkg-reutlingen.de/MathePlus/ zu finden sein.

Ein dickes Dankeschön geht an meine Frau und an D. Meyer fürs Korrekturlesen und für konstruktive Verbesserungsvorschläge.

Reutlingen, im Februar 2018   Tobias Glosauer

Inhalt

1 Gleichungslehre

1.1 Lineare Gleichungen

In einer *linearen Gleichung* mit einer Variablen x treten nur Ausdrücke mit x^1 und $x^0 = 1$ auf. Man kann eine solche Gleichung stets auf die Form

$$ax + b = 0 \qquad (a,\, b \in \mathbb{R};\ a \neq 0)$$

bringen (für $a = 0$ ist es keine lineare Gleichung mehr, da kein x vorkommt) und erhält

$$x = -\frac{b}{a}$$

als eindeutige Lösung. Beachte: Teilen durch a ist erlaubt, da $a \neq 0$ ist.

Beispiel 1.1   Wir lösen (gaaanz ausführlich) die lineare Gleichung

$$\frac{1}{3}\,x - \frac{5}{6} = 0$$

und wiederholen dabei nochmal das Konzept der *Äquivalenzumformung*.

$$
\begin{aligned}
&\frac{1}{3}\,x - \frac{5}{6} = 0 && \Big|\, +\frac{5}{6} \\[2mm]
\Longleftrightarrow \quad &\frac{1}{3}\,x = \frac{5}{6} && \Big|\, :\frac{1}{3},\ \text{also}\ \cdot\frac{3}{1} = 3 \\[2mm]
\Longleftrightarrow \quad &x = 3 \cdot \frac{5}{6} = \frac{5}{2}
\end{aligned}
$$

Der Doppelpfeil „$\Longleftrightarrow$" drückt dabei aus, dass eine Äquivalenzumformung vorgenommen wurde, man also „in beide Richtungen gehen kann": Um z.B. von Zeile 1 auf Zeile 2 zu kommen („$\Longrightarrow$"), wurde auf beiden Seiten der Gleichung $+\frac{5}{6}$ gerechnet; um umgekehrt von Zeile 2 nach 1 zu gelangen („$\Longleftarrow$"), kann man beidseitig $-\frac{5}{6}$ rechnen. Somit stehen in Zeile 1 und 2 äquivalente Gleichungen, d.h. ihr Wahrheitsgehalt ist derselbe[1]. Wenn du von der ersten bis zur letzten Zeile nur Äquivalenzumformungen durchgeführt hast, also z.B.

- beidseitiges Addieren bzw. Subtrahieren einer beliebigen Zahl, oder
- beidseitiges Multiplizieren bzw. Dividieren mit einer Zahl $\neq 0$ (!),

dann kannst du sicher sein, am Ende alle Lösungen der ursprünglichen Gleichung gefunden zu haben, ohne dass du noch eine Probe durchführen musst. Somit ist die eindeutige Lösung unserer linearen Gleichung die Zahl $x = \frac{5}{2}$, was man auch als $L = \{\frac{5}{2}\}$ aufschreiben kann, wenn in der Aufgabe nach der Lösungsmenge gefragt ist.

---

[1]Bedeutet: Setzt man einen Wert für x in beide Gleichungen ein, so sind entweder beide gleichzeitig wahr (wie z.B. „$0 = 0$") oder beide falsch (wie z.B. „$0 = 2$").

Natürlich musst du eine so simple Gleichung nicht so ausführlich umformen, sondern kannst die Lösung im Kopf bestimmen bzw. direkt obige „Lösungsformel" anwenden (mit $a = \frac{1}{3}$ und $b = -\frac{5}{6}$):

$$x = -\frac{b}{a} = -\frac{-\frac{5}{6}}{\frac{1}{3}} = \frac{5}{6} \cdot \frac{3}{1} = \frac{5}{2}.$$

Es ist übrigens okay, wenn du die Äquivalenzpfeile weglässt und die Gleichungen einfach nur so untereinanderschreibst, allerdings solltest du im Hinterkopf stets prüfen, ob du gerade wirklich eine Äquivalenzumformung machst.

Beispiel 1.2   Wir lösen die lineare Gleichung

$$1{,}2x - 1 = -\frac{1}{2}x + 2,$$

indem wir „alles mit x nach links und alle Zahlen nach rechts bringen".

$$1{,}2x - 1 = -\frac{1}{2}x + 2 \quad \Big| +\frac{1}{2}x, \ +1$$

$$\Longleftrightarrow \quad 1{,}2x + \frac{1}{2}x = 3 \quad \Big| \text{Bruchrechnen: } \frac{12}{10}x + \frac{5}{10}x = \frac{17}{10}x$$

$$\Longleftrightarrow \quad \frac{17}{10}x = 3 \quad \Big| \cdot \frac{10}{17}$$

$$\Longleftrightarrow \quad x = \frac{30}{17}$$

Geometrisch gesehen steckt hinter diesem Beispiel die Aufgabe „Bestimme den Schnittpunkt der beiden Geraden mit den Gleichungen $f(x) = 1{,}2x - 1$ und $g(x) = -\frac{1}{2}x + 2$", denn Gleichsetzen von $f(x)$ mit $g(x)$ ergibt obige Gleichung.

Zur grafischen Lösung der Gleichung zeichnet man die Geraden K_f und K_g und liest den Schnittpunkt S bzw. nur dessen x-Koordinate in Abbildung 1.1 ab. Beachte, dass dies nur den Näherungswert $x \approx 1{,}8$ liefert; um x exakt zu bekommen, muss man wie oben rechnen.

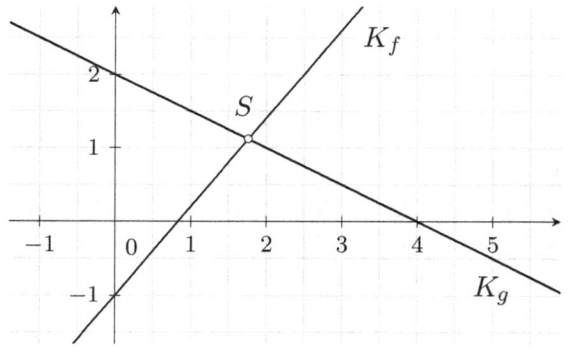

Abbildung 1.1

Hilfestellung fürs Zeichnen: K_f hat den y-Achsenabschnitt $c = -1$ und die Steigung $m = 1{,}2$; man geht also von $(\,0\,|-1\,)$ aus 1 nach rechts und 1,2 nach oben. Bei K_g entsprechend von $(\,0\,|\,2\,)$ aus 1 nach rechts und $\frac{1}{2}$ nach unten (da $m_g = -\frac{1}{2}$).

Wer sich selbst daran nicht mehr erinnert: Zwei (möglichst einfache) x-Werte in $f(x)$ einsetzen, z.B. $x_1 = 0$ und $x_2 = 5$ (dadurch verschwindet das Komma, da $5 \cdot 1{,}2 = 6$, wodurch man präziser zeichnen kann); dann erhält man zwei Punkte $A\,(\,0\,|-1\,)$ und $B\,(\,5\,|\,5\,)$ auf K_f und kann die Gerade somit einzeichnen.

A 1.1   Löse die folgenden linearen Gleichungen; mindestens eine zeichnerisch.

a) $0{,}5x + 2 = 0$ b) $\dfrac{2}{3}x + \dfrac{1}{2} = -\dfrac{3}{4}x + 2$ c) $2 - x = 0{,}75x + 6 - (3 - 0{,}75x)$

A 1.2   Es sei $m \in \mathbb{R}$ ein Parameter, d.h. eine „feste aber unbekannte Zahl". Untersuche, wie viele Lösungen die Gleichung

$$mx = 2x + 1$$

in Abhängigkeit von m besitzt. Interpretiere das Ergebnis auch geometrisch.

A 1.3   Diskutiere die Anzahl der Lösungen von

$$ax - b = cx + 2$$

in Abhängigkeit von den Parametern a, b, $c \in \mathbb{R}$.

1.2   Quadratische Gleichungen

Eine *quadratische Gleichung* mit einer Variablen x enthält nur Ausdrücke mit x^2, x^1 und $x^0 = 1$. Man kann sie stets auf die Form

$$ax^2 + bx + c = 0 \qquad (a,\,b,\,c \in \mathbb{R};\ a \neq 0)$$

bringen (für $a = 0$ ist es keine quadratische Gleichung mehr, da kein x^2 vorkommt; b oder c hingegen dürfen 0 sein). Man löst sie mit der guten alten „Mitternachtsformel" (MNF):

$$x_{1,2} = \frac{-b \pm \sqrt{b^2 - 4ac}}{2a}\,.$$

Der Ausdruck $D = b^2 - 4ac$ unter der Wurzel, *Diskriminante* genannt, bestimmt dabei die Anzahl der Lösungen:

○ Für $D > 0$ gibt es zwei verschiedene Lösungen,

○ für $D = 0$ gibt es genau eine Lösung, nämlich $x = \frac{-b \pm \sqrt{0}}{2a} = -\frac{b}{2a}$,

○ für $D < 0$ gibt es keine Lösung, da $\sqrt{D}$, also die Wurzel aus einer negativen Zahl, in $\mathbb{R}$ nicht existiert.

Da das Anwenden der Mitternachtsformel inzwischen (hoffentlich) allen geläufig ist, steigen wir gleich mit einem Parameterbeispiel ein.

Beispiel 1.3   Für welche Werte des Parameters $m > 0$ besitzt die Gleichung

$$\frac{1}{2}x^2 - mx + 2 = 0$$

genau eine Lösung und wie lautet sie?

Zusatz: Interpretiere das Ergebnis geometrisch.

Es handelt sich um eine quadratische Gleichung mit Koeffizienten $a = \frac{1}{2}$, $b_m = -m$ und $c = 2$. Wir müssen untersuchen, für welche m-Werte die Diskriminante D_m, die jetzt von m abhängt, verschwindet, d.h. wann

$$D_m = b_m^2 - 4ac = (-m)^2 - 4 \cdot \frac{1}{2} \cdot 2 = m^2 - 4 = 0$$

gilt. Dies führt auf $m^2 = 4$ bzw. $m = \pm 2$. Da $m > 0$ vorausgesetzt wurde, besitzt obige Gleichung nur für den Parameterwert $m = 2$ genau eine Lösung, und zwar

$$x = \frac{-(-m) \pm \sqrt{0}}{2 \cdot \frac{1}{2}} = m = 2.$$

Zur geometrischen Interpretation schreiben wir die Gleichung um zu

$$\frac{1}{2}x^2 = mx - 2 \qquad (\star).$$

Nun erkennt man, dass es sich um das Schnittproblem zwischen der Parabel K_f mit der Gleichung $f(x) = \frac{1}{2}x^2$ und der Geraden K_{g_m} mit $g_m(x) = mx - 2$ handelt; siehe Abbildung 1.2. Am Schaubild kann man alle drei möglichen Fälle auf einmal ablesen:

○ Für $m = 2$ ist $g_2(x) = 2x - 2$ die Gleichung der Tangente an K_f bei $x = 2$. Dementsprechend gibt es geometrisch nur einen Berührpunkt B von K_f mit K_{g_2}. Algebraisch entspricht dies $D_2 = 0$ und der Existenz genau einer Lösung $x = 2$ der Gleichung $(\star)$.

○ Für $m < 2$ gibt es keinen Schnittpunkt von K_f und K_{g_m}, was dem Fall $D_m < 0$ und leerer Lösungsmenge von $(\star)$ entspricht.

○ Für $m > 2$ gibt es zwei Schnittpunkte S_1 und S_2 von K_f und K_{g_m}, was dem Fall $D_m > 0$ und zwei verschiedenen Lösungen von $(\star)$ entspricht.

Es gibt auch quadratische Gleichungen, die man ohne Mitternachtsformel lösen kann. Zur Vorbereitung eine kurze Erinnerung an den nützlichen

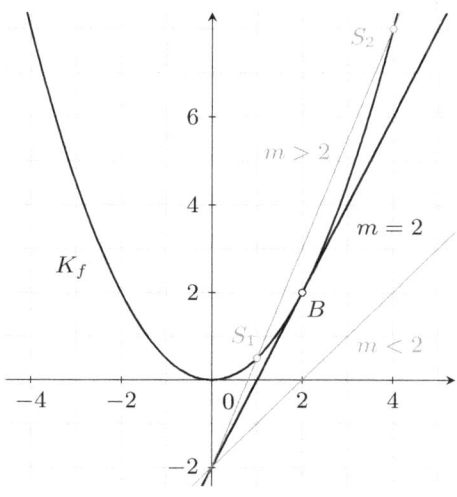

Abbildung 1.2

Nullproduktsatz (NPS): Für reelle Zahlen a, b gilt

$$a \cdot b = 0 \quad \Longleftrightarrow \quad a = 0 \text{ oder } b = 0$$

(kein entweder-oder, d.h. auch $a = 0$ und $b = 0$ möglich). In Worten:

Ein Produkt ist genau dann Null, wenn (mindestens) einer der Faktoren Null ist.

Die Rückrichtung („$\Longleftarrow$") ist dabei klar („Null mal Irgendwas gibt Null"); wichtig zum Gleichungen lösen ist die Richtung „$\Longrightarrow$": Wenn $a \cdot b = 0$ ist, dann folgt bereits, dass $a = 0$ oder $b = 0$ sein muss.

Beispiel 1.4 Wir lösen die quadratische Gleichung („ohne c")

$$8x^2 - 16x = 0,$$

indem wir x, oder noch besser $8x$, ausklammern und dann den NPS anwenden:

$$8x \cdot (x - 2) = 0 \quad \overset{\text{NPS}}{\Longleftrightarrow} \quad 8x = 0 \text{ oder } x - 2 = 0.$$

Es folgt $x_1 = \frac{0}{8} = 0$ und $x_2 = 2$. Natürlich erhält man dies auch mit der MNF. Bevor man sie anwendet, sollte man die Gleichung jedoch unbedingt durch 8 teilen, um kleinere Zahlen zu erhalten (vor allem wenn kein TR zur Verfügung steht):

$$x^2 - 2x = 0 \quad \text{bzw.} \quad x^2 - 2x + 0 = 0.$$

Nun erhält man unter Beachtung von $c = 0$:

$$x_{1,2} = \frac{-(-2) \pm \sqrt{(-2)^2 - 4 \cdot 1 \cdot 0}}{2} = \frac{2 \pm \sqrt{4 - 0}}{2} = \begin{cases} \frac{4}{2} = 2 \\ \frac{0}{2} = 0. \end{cases}$$

Ausklammern und NPS anwenden hat allerdings den Vorteil, dass es auch bei anderen Gleichungstypen zum Ziel führt; außerdem wird meiner Erfahrung nach gerne vergessen, dass $c = 0$ einzusetzen ist, und dann steht unter der Wurzel plötzlich $4 - 4 \cdot 1 = 0$.

Beispiel 1.5   Wir lösen die Gleichungen

a) $(x + 5)(2x - 6) = 0$ und   b) $(x + 5)(2x - 6) = 6$.

a) Mit dem NPS folgt sofort $x + 5 = 0$ oder $2x - 6 = 0$, also $x_1 = -5$ und $x_2 = \frac{6}{2} = 3$. *Krass umständlich* wäre es, die linke Seite auszumultiplizieren und dann $2x^2 + 4x - 30 = 0$ mit der MNF zu lösen (am besten noch, ohne vorher durch 2 zu teilen).

b) Der NPS ist hier *nicht* anwendbar, da rechts keine 0, sondern eine 6 steht. Hier *muss* man die linke Seite ausmultiplizieren; zur Erleichterung kann man zuvor aber eine 2 in der zweiten Klammer rausziehen und die Gleichung durch 2 teilen:

$$(x + 5)(2x - 6) = (x + 5) \cdot 2(x - 3) = 6 \quad \Longleftrightarrow \quad (x + 5)(x - 3) = 3.$$

Ausmultiplizieren:

$$(x+5)(x-3) = x^2 - 3x + 5x - 15 = x^2 + 2x - 15 = 3 \quad \Longleftrightarrow \quad x^2 + 2x - 18 = 0,$$

was mit der MNF auf $x_{1,2} = -1 \pm \sqrt{19}$ führt (bestätige dies!).

Abschließend erinnern wir uns an einen nützlichen Trick, der einem manchmal das Lösen quadratischer Gleichungen „durch Hinschauen" ermöglicht (auch wenn der Großteil der Schülerschaft sich vehement sträubt, diesen jemals anwenden zu wollen). Zum Beweis des Satzes und mehr siehe Aufgabe 1.10.

Satz von Vieta: Gegeben sei die quadratische Gleichung $x^2 + bx + c = 0$ (wichtig: $a = 1$). Erfüllen zwei Zahlen x_1 und x_2 die Beziehungen

$$x_1 + x_2 = -b \quad \text{und} \quad x_1 \cdot x_2 = c,$$

dann sind sie Lösungen obiger quadratischer Gleichung.

Beispiel 1.6   Um die Lösungen der quadratischen Gleichung

$$x^2 - 5x + 6 = 0 \qquad (\star)$$

ohne MNF zu finden, werfen wir einen Blick auf die Vieta-Bedingungen:

$$x_1 + x_2 = -(-5) = 5 \quad \text{und} \quad x_1 \cdot x_2 = 6.$$

Man erkennt sofort, dass $x_1 = 2$ und $x_2 = 3$ dies erfüllen (denn $2 + 3 = 5$ und $2 \cdot 3 = 6$), d.h. wir haben die Lösungen von $(\star)$ gefunden. Schneller geht's nicht! Wenn du's nicht glaubst, mach die Probe durch Einsetzen in $(\star)$, was generell eine gute Idee ist.

Oft kann man die Lösungen der Vieta-Bedingungen jedoch nicht einfach im Kopf erraten; dann bleibt einem nichts anderes übrig, als doch die MNF anzuwenden. Übrigens: Wenn $a \neq 1$ sein sollte, kann man dies durch Teilen der gesamten Gleichung durch a beseitigen. Allerdings entstehen dann meistens keine allzu schönen b- und c-Werte.

A 1.4   Löse *ohne* Anwendung der Mitternachtsformel.

a) $\dfrac{1}{25}x^2 - \dfrac{2}{5}x = 0$ b) $x^2 - x - 20 = 0$ c) $x^2 + 2x + \dfrac{3}{4} = 0$

A 1.5   Löse die folgenden Gleichungen.

a) $2{,}4x^2 - 6x = x - 5$ b) $(x+2)(2x-3) = 9$ c) $3z^2 - \sqrt{3}\,z - \dfrac{3}{4} = 0$

A 1.6   Berechne die Schnittpunkte der zu $f(x) = -\frac{1}{2}(x+2)^2 - 2$ gehörigen Parabel K_f mit der durch $g(x) = -3x - \frac{7}{2}$ beschriebenen Geraden K_g.

A 1.7   Für welche Parameterwerte $k \in \mathbb{R}$ besitzt die Gleichung

$$\frac{4}{5}k \cdot x^2 + 12x + 5k = 0$$

genau eine Lösung? Gib die Lösung jeweils an.

A 1.8   Für welche $t \in \mathbb{R}$ besitzt die quadratische Gleichung

$$x^2 - 2x + \frac{t}{4} = 0$$

keine Lösung? Veranschauliche dies geometrisch durch Umdeuten zu einem Schnittproblem Parabel – Gerade.

A 1.9   Für eine Studienfahrt wurde ein Bus um 575 Euro gemietet. Da drei Schüler nicht mit dürfen, erhöht sich der Fahrpreis pro Schüler um 3,75 Euro. Wie viele Schüler wollten ursprünglich an der Fahrt teilnehmen?   ()

A 1.10   Zum Satz von VIETA.   ☠

a) Beweise den Satz, indem du eine der beiden Vieta-Bedingungen nach x_2 (bzw. x_1) auflöst und in die andere einsetzt.

b) Wie lautet die Umkehrung des Satzes von Vieta? Beweise ihre Gültigkeit unter Verwendung der Mitternachtsformel. (Viele Autoren bezeichnen übrigens Satz und Umkehrung zusammengefasst als Satz von Vieta.)

c) Beweise mit Hilfe des Umkehrsatzes von Vieta die folgende

Zerlegung in Linearfaktoren: Sind x_1 und x_2 die Nullstellen der quadratischen Funktion $f(x) = ax^2 + bx + c$, dann gilt

$$f(x) = a(x - x_1)(x - x_2).$$

$\boxed{\text{A}}$ **1.11**   Gib eine quadratische Gleichung an, deren Lösungen -2 und 6 sind.

$\boxed{\text{A}}$ **1.12**   In einigen Bundesländern ist die „pq-Formel" Standard: Man bringt die quadratische Gleichung erst auf die Form $x^2 + px + q = 0$ und erhält dann die Lösungen als

$$x_{1,2} = -\frac{p}{2} \pm \sqrt{\left(\frac{p}{2}\right)^2 - q}\,.$$

Wende diese Formel ein paar Mal an, z.B. in Aufgabe 1.4 b), c). Zeige dann allgemein, dass pq-Formel und unsere abc-Mitternachtsformel äquivalent sind.   ☠☠

1.3   Polynomgleichungen höheren Grades

Eine *Polynomgleichung n-ten Grades* ($n \in \mathbb{N}$), kürzer meist nur „Gleichung n-ten Grades", ist eine Gleichung, die man auf die Form

$$a_n x^n + a_{n-1} x^{n-1} + \ldots + a_1 x + a_0 = 0$$

mit Koeffzienten $a_i \in \mathbb{R}$ für $i = 0, \ldots, n$ und $a_n \neq 0$, bringen kann. Wir haben in den letzten beiden Abschnitten die Fälle $n = 1$ und $n = 2$ studiert.

Der Fall $n \geqslant 3$ ist schnell abgehakt, da das zur systematischen Untersuchung nötige Hilfsmittel der Polynomdivision inzwischen (leider!) aus dem Lehrplan verbannt wurde. Allgemeine Lösungsformeln wie die Mitternachtsformel gibt es zwar für $n = 3$ und $n = 4$ noch (die Formeln von Cardano), aber die sind sehr kompliziert. Für $n \geqslant 5$ gibt es überhaupt keine allgemeinen Lösungsformeln mehr.

Im Abi können nur noch solche Polynomgleichungen drankommen, die sich durch Tricks wie Ausklammern oder Substitution auf lineare oder quadratische Gleichungen zurückführen lassen (mit Ausnahme der reinen Potenzgleichungen; siehe Abschnitt 1.4).

Beispiel 1.7   *(Ausklammern und NPS)*

Die Gleichung vierten Grades

$$x^4 - 2x^3 - 8x^2 = 0$$

lässt sich durch Ausklammern von x^2 und Anwenden des NPS lösen:

$$x^4 - 2x^3 - 8x^2 = x^2(x^2 - 2x - 8) = 0 \quad \Longleftrightarrow \quad x^2 = 0 \quad \text{oder} \quad x^2 - 2x - 8 = 0.$$

Die erste Gleichung, $x^2 = 0$, ergibt $x_1 = 0$ als (doppelte) Lösung; die zweite Gleichung besitzt laut Vieta die Lösungen $x_2 = -2$ und $x_3 = 4$ (da $-2 + 4 = -b = 2$ und $(-2) \cdot 4 = c = -8$). Insgesamt ist $L = \{-2, 0, 4\}$.

Merke: Bei jeder Polynomgleichung mit $a_0 = 0$, also wenn der letzte, konstante Term fehlt, lässt sich mindestens ein x ausklammern und der NPS anwenden.

Beispiel 1.8 *(Substitution)*

Um die Lösungsmenge der „biquadratischen" Gleichung vierten Grades

$$2x^4 - 5x^2 - 3 = 0$$

zu bestimmen, beachten wir, dass $x^4 = (x^2)^2$ gilt. *Substituieren* (d.h. ersetzen) wir x^2 durch die neue Variable u, dann gilt $x^4 = (x^2)^2 = u^2$ und die Gleichung wird zu

$$2u^2 - 5u - 3 = 0.$$

Mit der MNF erhalten wir

$$u_{1,2} = \frac{-(-5) \pm \sqrt{(-5)^2 - 4 \cdot 2 \cdot (-3)}}{2 \cdot 2} = \frac{5 \pm \sqrt{49}}{4} = \begin{cases} 3 \\ -\frac{1}{2}. \end{cases}$$

Da wir ja aber x und nicht u suchen, brauchen wir noch die *Rücksubstitution* $u = x^2$:

$$x^2 = u_1 = 3 \quad \Longleftrightarrow \quad x_{1,2} = \pm\sqrt{3} \, ; \qquad x^2 = u_2 = -\frac{1}{2} < 0 \quad \text{nicht möglich in } \mathbb{R}.$$

Damit besitzt die ursprüngliche Gleichung die Lösungsmenge

$$L = \{ -\sqrt{3}, \sqrt{3} \, \}.$$

Es spricht übrigens auch nichts dagegen, die Gleichung als $2(x^2)^2 - 5x^2 - 3 = 0$ stehen zu lassen, d.h. als quadratische Gleichung in x^2 (statt x), und ohne Substitution mit der MNF x^2 auszurechnen:

$$(x^2)_{1,2} = \frac{5 \pm \sqrt{49}}{4} = \begin{cases} 3 \\ -\frac{1}{2}. \end{cases}$$

Zum Schluss natürlich Wurzelziehen wie eben nicht vergessen.

Merke: Bei jeder Gleichung der Gestalt

$$ax^{2n} + bx^n + c = 0$$

führt die Substitution $x^n = u$ auf eine quadratische Gleichung für u, denn

$$x^{2n} = (x^n)^2 = u^2.$$

(Dies klappt sogar für gebrochene Hochzahlen wie z.B. $n = \frac{1}{2}$; siehe Anmerkung zu Beispiel 1.15.)

Beispiel 1.9   Solltest du irgendwann auf eine Gleichung wie

$$x^3 - 2x^2 + 5x - 4 = 0$$

treffen, so hilft weder Ausklammern (warum[2]?) noch Substitution (warum?). Dann bleibt nur Lösen durch Probieren; in einem solchen Fall sind die Lösungen aber stets „nett", wie hier z.B. $x = 1$:

$$1^3 - 2 \cdot 1^2 + 5 \cdot 1 - 4 = 0 \quad \checkmark.$$

Als kleine Hilfestellung beim Raten:

> Wenn die Gleichung nur ganzzahlige Koeffizienten hat (wie hier: $a_3 = 1$, $a_2 = -2$, $a_1 = 5$ und $a_0 = -4$), dann muss jede ganzzahlige Lösung ein Teiler von a_0 sein.

Es kommen also nur ± 1, ± 2 und ± 4 (die ganzzahligen Teiler von $a_0 = -4$) als mögliche ganzzahlige Lösungskandidaten in Frage. (Achtung: Selbst wenn all diese Kandidaten sich als Nieten erweisen würden, könnte die Gleichung dennoch nicht-ganzzahlige Lösungen besitzen! Für ungerades n gibt es sogar immer eine reelle Lösung.)
In diesem Beispiel gibt es außer $x_1 = 1$ übrigens keine weiteren (reellen) Lösungen, aber das kannst du ohne Polynomdivision nicht herausfinden.

A 1.13   Bestimme die Lösungsmenge der folgenden Gleichungen.

a) $338x^3 = 2x$ 　　 b) $x^6 - 8x^3 = 0$ 　　 c) $x^6 - 8x^3 = -12$

d) $(x^2 - 4)^2 + 3x^2 = 0$ 　　 e) $x^2(x^2 - 4)(x^2 + 4) = -4x^4$

---

[2]Ein beliebter algebraischer Fehler ist z.B.: $x^3 - 2x^2 + 5x - 4 = x(x^2 - 2x + 5 - 4)$ ⚡.

1.4 Potenzgleichungen

Einen Spezialfall der Gleichung n-ten Grades (wie bisher ist $n \in \mathbb{N}$, aber jetzt $n \geqslant 2$) stellt die (reine) *Potenzgleichung n-ten Grades* dar, die man stets auf die Form

$$x^n = a \qquad \text{mit } a \in \mathbb{R}$$

bringen kann. (Der Fall negativer ganzzahliger Exponenten ist hierin übrigens bereits enthalten, da $x^{-n} = a$ (für $a \neq 0$) durch beidseitige Kehrbruchbildung in $x^n = \frac{1}{a}$ übergeht.) Geometrisch geht es hier um den Schnitt der Normalparabel n-ter Ordnung, $y = x^n$, mit einer Parallelen zur x-Achse, $y = a$.

Zur Lösung zieht man grob gesagt die n-te Wurzel (zur Wiederholung siehe 1.4.3), wobei zwei Fälle zu unterscheiden sind, wie man in Abbildung 1.3 erkennt.

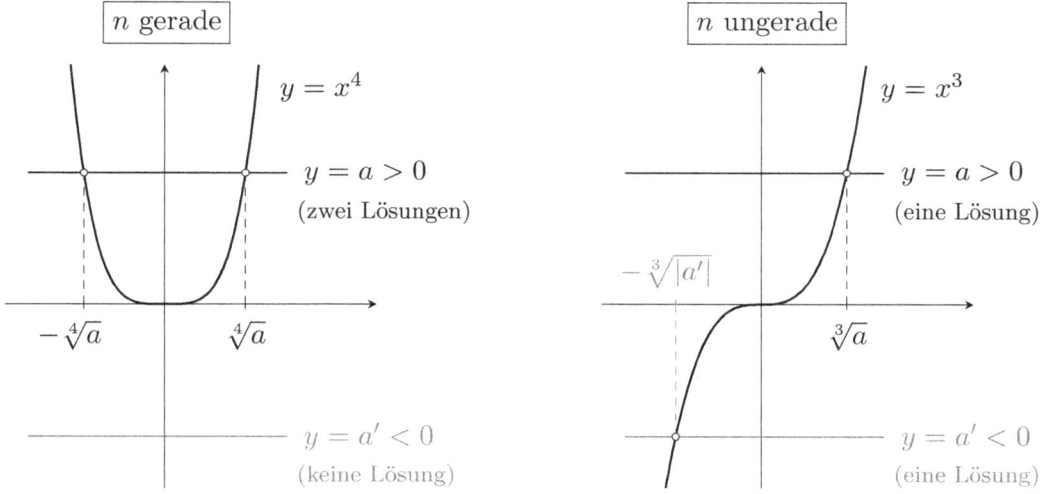

Abbildung 1.3

1.4.1 Gerade Hochzahl

Beispiel 1.10 Starten wir mit der simplen Potenzgleichung zweiten Grades

$$x^2 = 64.$$

Ich habe in meinem Lehrerdasein schon oft Folgendes gesehen:

$$x^2 = 64 \quad | \sqrt{}$$

$$x = 8.$$

Dies ist aber falsch bzw. unvollständig, da $\sqrt{x^2}$ nicht x, sondern eben $|x|$ ist (siehe Seite 16). „Richtig gewurzelt" erhält man

$$\sqrt{x^2} = |x| = 8,$$

was als Lösungen $x_1 = 8$ *und* $x_2 = -8$ besitzt (da $|-8| = 8$). Durch Verwenden des Betrags geht einem die negative Lösung diesmal nicht flöten, d.h. die Lösungsmenge ist zweielementig:

$$L = \{-8, 8\}.$$

Wer sich die Gleichung geometrisch vorstellt (ähnlich wie Abbildung 1.3 links), sieht übrigens sofort, dass es zwei Lösungen geben muss.

Wer den Betrag nicht mag, kann den Lösungsweg zwar auch so aufschreiben:

$$x^2 = 64 \quad \Longleftrightarrow \quad x = \pm\sqrt{64} = \pm 8,$$

läuft aber evtl. Gefahr, sich anzugewöhnen, beim Wurzelziehen generell das $\pm$ zu setzen und dann so falsche Dinge wie $\sqrt{64} = \pm 8$ zu behaupten; siehe Seite 16.

Beispiel 1.11   Die Potenzgleichung vierten Grades

$$x^4 = 9$$

löst man durch beidseitiges Ziehen der vierten Wurzel, wobei man wie eben *unbedingt den Betrag setzen muss*:

$$x^4 = 9 \quad \Longleftrightarrow \quad \sqrt[4]{x^4} = \sqrt[4]{9} \quad \Longleftrightarrow \quad |x| = \sqrt{3} \quad \Longleftrightarrow \quad x = \pm\sqrt{3}.$$

Im zweiten Schritt ging dabei folgende Umformung ein

$$\sqrt[4]{9} = 9^{\frac{1}{4}} = (3^2)^{\frac{1}{4}} = 3^{\frac{2}{4}} = 3^{\frac{1}{2}} = \sqrt{3}.$$

Beispiel 1.12   Die Potenzgleichung

$$x^4 = -9$$

besitzt keine Lösung, denn „$\sqrt[4]{-9}$" existiert nicht. Besser gesagt: Es gilt stets, dass $x^4 = (x^2)^2 \geqslant 0$ ist (als Quadrat der reellen Zahl x^2), also kann x^4 niemals -9 ergeben.

Merke: Für gerades $n \in \mathbb{N}$ ist die Lösungsmenge der Gleichung $x^n = a$

- $L = \{-\sqrt[n]{a}, \sqrt[n]{a}\}$ falls $a > 0$,

- $L = \{0\}$ für $a = 0$,

- $L = \{\ \}$ falls $a < 0$, da in diesem Fall $\sqrt[n]{a}$ nicht existiert.

Beachte beim Ziehen der n-ten Wurzel (gerades n), dass

$$\sqrt[n]{x^n} = |x| \quad \text{gilt} \ (\sqrt[n]{x^n} = x \ \text{stimmt } nur \text{ für } x \geqslant 0).$$

1.4.2 Ungerade Hochzahl

Beispiel 1.13   Die Potenzgleichung dritten Grades

$$x^3 = 8$$

ist erfreulich einfach zu lösen: Beim Ziehen dritter (oder allgemein ungerader) Wurzeln ist kein Betrag zu beachten, und es folgt

$$x^3 = 8 \quad \Longleftrightarrow \quad \sqrt[3]{x^3} = \sqrt[3]{8} \quad \Longleftrightarrow \quad x = 2.$$

Beispiel 1.14   Auch die Potenzgleichung dritten Grades

$$x^3 = -8$$

besitzt genau eine Lösung, nämlich $x = -2$, da offenbar $(-2)^3 = -8$ gilt, allerdings darf man diese nicht als $\sqrt[3]{-8}$ schreiben, da Wurzeln nur für nicht-negative Radikanden definiert sind (siehe Seite 15). Man kann die Wurzelschreibweise allerdings beibehalten, wenn man unter der Wurzel einen Betrag setzt und das Minus vor die Wurzel zieht:

$$x = -\sqrt[3]{|-8|} = -\sqrt[3]{8} = -2.$$

> **Merke:**   Für ungerades $n \in \mathbb{N}$ ist die Lösungsmenge der Gleichung $x^n = a$
> - $L = \{\sqrt[n]{a}\}$ falls $a \geqslant 0$,
> - $L = \{-\sqrt[n]{|a|}\}$ falls $a < 0$.

(Wer die Signum-Funktion kennt, kann die Lösung auch ganz ohne Fallunterscheidung als $x = \mathrm{sgn}(a) \cdot \sqrt[n]{|a|}$ schreiben. Da dies die meisten jedoch eher abschrecken wird, schließe ich diese Klammer ganz schnell wieder.)

A 1.14   Bestimme die Lösungsmenge der folgenden Potenzgleichungen.

a) $x^4 = 16$

b) $2x^4 + 16 = 0$

c) $81x^3 + 3 = 0$

d) $100x^6 = 10^{-10}$

e) $x^5 - 36 = 28 - x^5$

f) $x^4 = a^2$ $(a \in \mathbb{R})$ ☠

(Tipp zu f: Seite 15 beachten.)

1.4.3 Anhang: Wurzeln revisited

Es sei $n \geqslant 2$ eine natürliche Zahl und $a > 0$ eine positive[3] reelle Zahl. Die *n-te Wurzel* aus a, geschrieben als $\sqrt[n]{a}$, ist diejenige *positive* reelle Zahl, die hoch n genommen a ergibt:

$$\left(\sqrt[n]{a}\right)^n \overset{\text{def}}{=} a.$$

Anders ausgedrückt ist $\sqrt[n]{a}$ die positive Lösung der Gleichung $x^n = a$. So ist z.B.

$$\sqrt[4]{625} = 5, \quad \text{da } 5^4 = 625 \text{ ergibt.}$$

Man kann allgemein zeigen[4], dass jede reelle Zahl $a > 0$ für jedes $n \geqslant 2$ eine n-te Wurzel besitzt und dass diese eindeutig ist.
Du erinnerst dich bestimmt noch an die Festlegung $a^{\frac{1}{2}} = \sqrt{a}$. Ebenso kann man $a^{\frac{1}{n}}$ als $\sqrt[n]{a}$ auffassen bzw. noch allgemeiner festlegen, dass

$$a^{\frac{m}{n}} := \sqrt[n]{a^m} \qquad \text{für } a > 0,\ m \in \mathbb{Z} \text{ und } n \in \mathbb{N}\ (n \geqslant 2)$$

sein soll. Dies hat den Vorteil, dass die für ganze Hochzahlen bekannten Potenzgesetze dann auch für gebrochene Hochzahlen $\frac{m}{n}$ gelten (der Beweis hierfür ist gar nicht so schwer), was einem das Rechnen oft erleichtert. So ist z.B.

$$\sqrt[6]{27} = \sqrt[6]{3^3} = (3^3)^{\frac{1}{6}} = 3^{3 \cdot \frac{1}{6}} = 3^{\frac{1}{2}} = \sqrt{3}.$$

Außerdem kann man dadurch n-te Wurzeln leicht in den Taschenrechner eingeben (falls man den Befehl für die n-te Wurzel vergessen hat). So liefert er z.B. für die irrationale Zahl $\sqrt[3]{2} = 2^{\frac{1}{3}}$ den Näherungswert[5]

$$\sqrt[3]{2} \approx 1{,}25992.$$

Und was ist $\sqrt[n]{a}$ für negative Radikanden $a < 0$ wie z.B. $a = -4$? Für gerades n ist das schnell beantwortet: Jede gerade Zahl n lässt sich als $n = 2k$ mit einem $k \in \mathbb{N}$ schreiben und es folgt

$$x^n = x^{2k} = (x^k)^2 \geqslant 0 \quad \text{für alle } x \in \mathbb{R}.$$

Somit kann für gerades n niemals $x^n = -4$ gelten, sprich $\sqrt[n]{-4}$ bzw. allgemein $\sqrt[n]{a}$ mit $a < 0$ existiert nicht (in $\mathbb{R}$).
Für ungerades n, wie z.B. bei $\sqrt[3]{-8}$, sieht es anders aus: Es gibt sehr wohl eine Zahl, die hoch 3 genommen -8 ergibt, nämlich -2, aber

$$\text{„} \sqrt[3]{-8} = -2 \text{“}$$

zu schreiben, würde unserer Forderung widersprechen, dass $\sqrt[n]{a}$ definitionsgemäß positiv sein muss. Aus diesem Grund (und wichtigeren anderen; siehe Vertiefung) einigen wir uns darauf, auch für ungerades n keine negativen Zahlen unter der Wurzel zu erlauben (obwohl hier eine Lösung von $x^n = a < 0$ existiert!).

---

[3]Im trivialen Fall $a = 0$ ist natürlich $\sqrt[n]{0} = 0$.
[4]siehe z.B. [1]
[5]Beliebter Tippfehler (bei alten TR): 2^1/3, was $\frac{2^1}{3}$ statt $2^{\frac{1}{3}}$ bedeutet. Korrekt: 2^(1/3).

Merke: Für jede reelle Zahl $a \geqslant 0$ und jedes $n \in \mathbb{N}$, $n \geqslant 2$, besitzt die Gleichung $x^n = a$ eine eindeutige positive Lösung, die man als $\sqrt[n]{a}$ oder auch $a^{\frac{1}{n}}$ bezeichnet. Für negative Zahlen $a < 0$ hingegen ist $\sqrt[n]{a}$ nicht definiert.

Vertiefung (für Spezialisten): Wirklich keine negativen Radikanden?

Nochmal zurück zu $\sqrt[3]{-8}$: Die Kubikfunktion

$$f\colon \mathbb{R} \to \mathbb{R}, \quad x \mapsto x^3,$$

ist (im Gegensatz zur Quadratfunktion) auf ganz $\mathbb{R}$ umkehrbar, d.h. ihre Umkehrfunktion f^{-1} ist ebenfalls auf ganz $\mathbb{R}$ definiert. Da ihre Werte für $x \geqslant 0$ mit unserer bisherigen Definition von $\sqrt[3]{x}$ übereinstimmen, könnte man in diesem Kontext z.B. auch

$$\sqrt[3]{-8} \quad \text{als} \quad f^{-1}(-8) = -2 \quad \text{definieren}.$$

Es wäre also durchaus berechtigt, $\sqrt[3]{-8}$ als legalen Ausdruck zu betrachten und manche Autoren machen dies auch (im Abi würd ich's aber lassen). Probleme entstehen erst, wenn man $a^{\frac{m}{n}} := \sqrt[n]{a^m}$ auch für negative a zu definieren versucht, damit wie bei positiven a die Potenzgesetze auch für gebrochene Hochzahlen gelten. Dann wäre z.B. $(-8)^{\frac{1}{3}} = \sqrt[3]{-8}$ und $(-8)^{\frac{2}{6}} = \sqrt[6]{(-8)^2}$. Da $\frac{1}{3}$ und $\frac{2}{6}$ dieselbe Zahl beschreiben, muss natürlich

$$(-8)^{\frac{1}{3}} = (-8)^{\frac{2}{6}}$$

gelten, doch daraus ergibt sich nun ein fetter Widerspruch:

$$-2 = \sqrt[3]{-8} = (-8)^{\frac{1}{3}} = (-8)^{\frac{2}{6}} = \sqrt[6]{(-8)^2} = \sqrt[6]{64} = 2 \quad \lightning.$$

Somit ist $(-8)^r$ (oder allgemein a^r mit $a < 0$) für rationale Hochzahlen $r = \frac{m}{n}$ i.A. nicht sinnvoll definierbar, da es davon abhängen würde, ob man $r = \frac{m}{n}$ gekürzt bzw. erweitert hat.

Wurzelziehen und Vorzeichenprobleme

gehen leider oft Hand in Hand. Ab und zu tauchen in Klausuren (gut gemeinte) Aussagen wie

$$\sqrt{4} = \pm 2$$

auf, die aber nicht sinnvoll sind. Zwar besitzt die Gleichung $x^2 = 4$ tatsächlich die zwei Lösungen $x_1 = 2$ und $x_2 = -2$ (denn $(x_{1,2})^2 = 4$), aber die Wurzel aus 4 ist nun mal *eindeutig definiert* als die *positive Lösung* der Gleichung $x^2 = 4$:

$$\sqrt{4} = 2.$$

Ohne diese Eindeutigkeits-Forderung besäße z.B. der simple Ausdruck $\sqrt{2} + \sqrt{3}$ vier verschiedene mögliche Werte (nämlich welche?) – und für welchen sollte sich nun der

arme Taschenrechner entscheiden, wenn man das eingibt? Viele tappen auch in die
Falle

$$\sqrt{x^2} = x,$$

was für negative x-Werte falsch ist, denn z.B. für $x = -2$ würde das

$$\sqrt{(-2)^2} = -2, \qquad \text{also} \qquad \sqrt{4} = -2$$

bedeuten, aber wie gesagt müssen Wurzeln stets positiv sein (außer $\sqrt{0} = 0$). Setzt
man jedoch den Betrag (siehe Abschnitt 1.6),

$$\sqrt{x^2} = |x|,$$

so passt wieder alles; z.B. ist für $x = -2$ dann $\sqrt{(-2)^2} = |-2| = 2$ – wie es sein soll.
Analog gilt

$$\sqrt[n]{x^n} = |x| \quad \text{für gerades } n \text{ und beliebiges } x \in \mathbb{R}.$$

1.5   Wurzelgleichungen

Gleichungen wie zum Beispiel

$$5 + \sqrt{x-1} = x^2 \qquad \text{oder} \qquad \sqrt{x^2+1} = \sqrt[3]{2x},$$

in denen x in irgendeiner Form unter einer Wurzel vorkommt, heißen *Wurzelgleichungen*. Da im Reellen unter einer Wurzel keine negativen Werte stehen dürfen, ist
der Definitionsbereich von Wurzelgleichungen (d.h. die Menge aller x, für die alle
Radikanden ≥ 0 sind) im Allgemeinen nicht ganz $\mathbb{R}$. Da im Abi Betrachtungen des
Definitionsbereichs jedoch nicht verlangt sind, gehen wir darauf auch nicht näher ein.

Beispiel 1.15   Wir lösen die Wurzelgleichung

$$\sqrt{x} + 6 = x$$

durch „(1) Isolieren, (2) Quadrieren, (3) Probieren".

(1) Bei dieser Gleichung blind drauflos zu quadrieren, geht schief: Ganz bitter wäre

$$(\sqrt{x} + 6)^2 = x + 36 = x^2 \qquad \texttt{(epic fail)}^2,$$

aber selbst wenn man die erste binomische Formel[6] nicht ignoriert, steht da

$$x + 12\sqrt{x} + 36 = x^2,$$

d.h. man hat nichts gewonnen, da die Wurzel, die man eigentlich beseitigen
wollte, doch wieder auftaucht. Deshalb muss man die Wurzel zunächst isolieren:

$$\sqrt{x} = x - 6.$$

---
[6] $(a+b)^2 = a^2 + 2ab + b^2$; schäm dich, wenn du hier nachschauen musstest!

(2) Das ist selbsterklärend: Um eine (Quadrat)Wurzel zu beseitigen, muss man sie quadrieren (und bei n-ten Wurzeln mit $n > 2$ entsprechend hoch n rechnen, was aber so gut wie nie auftritt). In unserem Beispiel ergibt dies unter Beachtung der zweiten binomischen Formel[7]

$$\sqrt{x} = x - 6 \implies x = (x-6)^2 = x^2 - 12x + 36 \iff x^2 - 13x + 36 = 0.$$

Die entstehende quadratische Gleichungen löst man mit Vieta oder der MNF und erhält

$$x_1 = 9 \quad \text{und} \quad x_2 = 4.$$

(3) Vielleicht ist dir aufgefallen, dass beim Quadrieren eben nur ein Folgepfeil „$\implies$", aber kein Äquivalenzpfeil stand. Und das aus gutem Grund, denn

Quadrieren ist i.A. keine Äquivalenzumformung! (Sind beide Seiten der Gleichung jedoch $\geqslant 0$, dann schon.)

Zwar bleiben alle Lösungen der ursprünglichen Gleichung beim Quadrieren erhalten, aber es können neue „Scheinlösungen" dazu kommen[8], weshalb man am Ende unbedingt eine Probe durchführen muss.

Probe mit $x_1 = 9$: $\quad \sqrt{9} + 6 = 9 \quad \checkmark$.

Probe mit $x_2 = 4$: $\quad \sqrt{4} + 6 = 8 \neq 4$, d.h. x_2 war nur eine Scheinlösung.

Die Lösungsmenge der Wurzelgleichung ist somit

$$L = \{\, 9 \,\}.$$

(Übrigens ersetzt die Probe eine gesonderte Betrachtung des Definitionsbereichs, weil beim Einsetzen der Lösungskandidaten auffällt, ob alle Wurzelterme definiert sind.)

Enthält die Gleichung sogar mehrere Wurzelterme, müssen Schritte (1) und (2) eventuell mehrfach ausgeführt werden, aber das wird im Abi nicht passieren.

Anmerkung: Schreibt man die obige Gleichung um zu

$$x - \sqrt{x} - 6 = 0$$

und schaut scharf hin, erkennt man vielleicht, dass sie durch die Substitution $\sqrt{x} = u$, also $x = u^2$, übergeht in die quadratische Gleichung

$$u^2 - u - 6 = 0,$$

die $u_1 = 3$ und $u_2 = -2$ als Lösungen besitzt (Vieta). Rücksubstitution liefert

$$\sqrt{x_1} = 3, \quad \text{also } x_1 = 9 \quad \text{und} \quad \sqrt{x_2} = -2 \quad \text{\textlightning} \quad (\text{da } \sqrt{x} \geqslant 0 \text{ nach Wurzel-Definition}).$$

So erhält man etwas schneller $L = \{\, 9 \,\}$. (Blindes Quadrieren der zweiten Bedingung hätte übrigens wieder auf die Scheinlösung $x_2 = 4$ geführt.)

---

[7]$(a-b)^2 = a^2 - 2ab + b^2$; zurück nach Klasse 7, wenn du schon wieder nachgeschaut hast!

[8]Simples Beispiel: Aus der Gleichung $x^2 = -1$ mit $L = \{\ \}$ wird durch Quadrieren $x^4 = 1$ mit nicht-leerer (Schein-)Lösungsmenge $L' = \{\pm 1\}$.

Abschließend noch ein Beispiel mit geometrischem Bezug.

Beispiel 1.16   Gegeben ist das Schaubild K_f der Wurzelfunktion f mit

$$f(x) = \sqrt{5x} \qquad \text{auf } D_f = \{\, x \in \mathbb{R} \mid x \geqslant 0 \,\}.$$

Welcher Punkt auf K_f hat den Abstand $d = 6$ vom Ursprung?

Für einen Punkt $P_x\,(\,x \mid y\,)$ auf K_f (also mit $x \geqslant 0$) gilt $y = \sqrt{5x}$, d.h. P_x besitzt die Koordinaten $(\,x \mid \sqrt{5x}\,)$. Für den Abstand von P_x zum Ursprung $O\,(\,0 \mid 0\,)$ gilt laut Pythagoras

$$d_{OP_x} = \sqrt{(x-0)^2 + (y-0)^2} = \sqrt{x^2 + \left(\sqrt{5x}\,\right)^2} = \sqrt{x^2 + 5x}.$$

Die Bedingung $d_{OP_x} = 6$ führt auf die Wurzelgleichung

$$\sqrt{x^2 + 5x} = 6,$$

die man direkt durch Quadrieren lösen kann[9], da die Wurzel bereits isoliert ist:

$$\sqrt{x^2 + 5x} = 6 \quad \Longleftrightarrow \quad x^2 + 5x = 36 \quad \Longleftrightarrow \quad x^2 + 5x - 36 = 0.$$

Beachte: Hier ist Quadrieren eine Äquivalenzumformung, da beide Seiten der Wurzelgleichung nicht-negativ sind, d.h. die Probe am Ende kann entfallen – allerdings darf man nicht vergessen, dass von Anfang an nur x-Werte mit $x \geqslant 0$ erlaubt waren. Mit Vieta erhält man $x_1 = 4$ und $x_2 = -9$ (entfällt, da < 0). Der gesuchte Punkt auf K_f lautet also $P_4\,(\,4 \mid \sqrt{20}\,)$.

$\boxed{\text{A}}$ **1.15**   Löse die beiden Wurzelgleichungen; am besten jeweils auf zwei Arten.

a) $x + \sqrt{x} = 2$ b) $2x = \sqrt{2x - 1} + 13$

$\boxed{\text{A}}$ **1.16**   Gegeben ist der Punkt $Q\,(\,0 \mid 4\,)$ und der Ursprung $O\,(\,0 \mid 0\,)$. Bestimme alle Punkte P_x auf der positiven x-Achse, welche die Bedingung

$$d_{P_x Q} - d_{P_x O} \in \mathbb{N}$$

erfüllen, die also von Q um ein $n \in \mathbb{N}$ weiter entfernt sind als von O.   (☠)

---

[9] oder sogar ganz umgeht, wenn man Pythagoras gleich in quadrierter Form anwendet ...

1.6 Betragsgleichungen

Erinnern wir uns: Der *Betrag* einer reellen Zahl x, in Zeichen $|x|$, ist nichts anderes als ihr Abstand zur 0. So ist z.B. $|2| = 2$, aber auch $|-2|$ ergibt 2, da eben auch die Zahl -2 den Abstand 2 zur Null besitzt. Anders ausgedrückt beseitigt der Betrag also das negative Vorzeichen, indem er aus -2 die Zahl $|-2| = -(-2) = +2$ macht. Formal aufgeschrieben lautet die Definition des Betrags

$$|x| = \begin{cases} x & \text{falls } x \geqslant 0, \\ -x & \text{falls } x < 0. \end{cases}$$

Da $-x > 0$ für jedes $x < 0$ gilt („Minus mal Minus gibt Plus"), gilt also

$$|x| \geqslant 0 \quad \text{für jedes } x \in \mathbb{R}.$$

Die Betragsfunktion $|\cdot|\colon \mathbb{R} \to \mathbb{R}$, $x \mapsto |x|$, besitzt das in Abbildung 1.4 dargestellte Schaubild. Es entsteht aus dem Schaubild der ersten Winkelhalbierenden $y = x$, indem man dessen negativen Teil „nach oben klappt", d.h. an der x-Achse spiegelt.

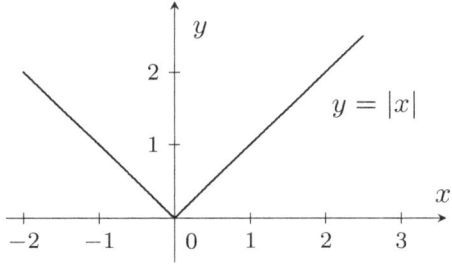

Abbildung 1.4

Gleichungen wie z.B.

$$|x - 2| = 2 - 4x \qquad \text{oder} \qquad |1 - x^2| = |x + 1|,$$

bei denen die gesuchte Größe x innerhalb von Betragsstrichen auftaucht, heißen *Betragsgleichungen*. Um sie zu lösen, kommt man in der Regel nicht ohne Fallunterscheidungen aus. Aber keine Sorge: Im Abi ist laut [4] nur das „Lösen einfacher Betragsgleichungen (nur <u>ein</u> Betrag) durch Fallunterscheidung (nur im Zusammenhang mit Abstandsberechnungen)" verlangt, so dass alles recht überschaubar bleibt.

Beispiel 1.17 Wir schreiben den Ausdruck $|x - 3|$ betragsfrei:

$$|x - 3| = \begin{cases} x - 3 & \text{falls } x - 3 \geqslant 0, \text{ also für } x \geqslant 3, \\ -(x - 3) = -x + 3 & \text{falls } x - 3 < 0, \text{ also für } x < 3. \end{cases}$$

Beispiel 1.18 Wir lösen die folgende Betragsgleichung auf drei Arten:

$$|x - 3| = 5.$$

(1) Bei so simplen Betragsgleichungen wie dieser kann man ganz pragmatisch vorgehen: Damit $|\heartsuit| = 5$ wird, muss $\heartsuit = \pm 5$ sein (hier mit $\heartsuit = x - 3$). Also setzen wir $x - 3 = 5$ oder $x - 3 = -5$, was auf $x_1 = 8$ und $x_2 = -2$ führt.

Beachte: Hängt die rechte Seite auch von x ab, so *muss* man bei Methode (1) am Ende eine Probe machen. Siehe Aufgabe 1.18 a).

(2) Wenn man die Gleichung geometrisch liest als:

„Gesucht sind alle Zahlen x, die von der 3 den Abstand 5 besitzen"

(denn $|x - 3|$ beschreibt den Abstand zwischen x und 3), erkennt man auf einen Blick, dass $3 + 5 = 8$ und $3 - 5 = -2$ die beiden gesuchten Lösungen sind.

(3) Am formalsten (aber dafür auch am allgemeinsten anwendbar) ist die Lösung mit der Fallunterscheidung aus Beispiel 1.17.

<u>Fall 1:</u> Für $x \geqslant 3$ ist

$$x - 3 = 5$$

zu lösen, d.h. $x_1 = 8$, was auch tatsächlich $x_1 \geqslant 3$ erfüllt.

<u>Fall 2:</u> Für $x < 3$ erhalten wir

$$-x + 3 = 5,$$

sprich $x_2 = -2$, was $x_2 < 3$ erfüllt, also zu Fall 2 gehört.

Die Lösungsmenge ist somit $L = \{-2, 8\}$.

Beispiel 1.19   Wir zeichnen das Schaubild der Funktion

$$f(x) = \left| \tfrac{1}{2} x + 1 \right| .$$

Am einfachsten ist die zeichnerische Lösung: Man zeichnet die Gerade, die zur inneren Funktion $g(x) = \tfrac{1}{2} x + 1$ gehört, und klappt den Negativ-Teil nach oben; siehe Abbildung 1.5.

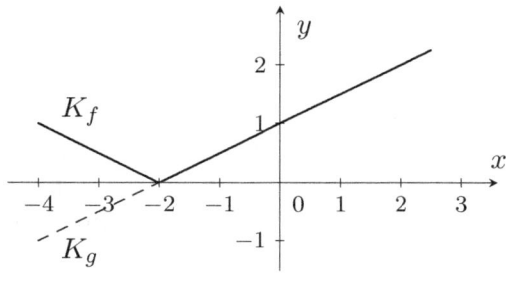

Abbildung 1.5

Natürlich kann man f auch erst betragsfrei schreiben ($\tfrac{1}{2}x + 1 \geqslant 0 \iff x \geqslant -2$) und dann die Teilstücke einzeln zeichnen:

$$f(x) = \begin{cases} \tfrac{1}{2}x + 1 & \text{falls } x \geqslant -2, \\ -\tfrac{1}{2}x - 1 & \text{falls } x < -2. \end{cases}$$

A **1.17** Löse $|2 - 4x| = 3$.

A **1.18** Löse die Betragsgleichungen rechnerisch und zeichnerisch.

a) $\left|\frac{2}{3}x - 1\right| = x$ b) $|x^2 - 4| = 2x - 1$

A **1.19** (Falls bereits Abstandsberechnungen von Ebenen behandelt wurden.)

a) Gegeben ist die Ebene

$$E: 2x_1 - x_2 + 2x_3 = 1.$$

Welche Punkte der Gestalt $P_a\,(\,4\,|\,a\,|\,2\,)$, $a \in \mathbb{R}$, besitzen Abstand 3 zu E?

b) Gegeben ist die Ebenenschar

$$E_a: 2x_1 - ax_2 = 0, \quad a \in \mathbb{R}.$$

Bestimme a so, dass E_a den Abstand 0,2 zum Punkt $P\,(\,1\,|\,1\,|\,0\,)$ besitzt. (☠)

1.7 Bruchgleichungen

Gleichungen, bei denen die gesuchte Variable im Nenner eines Bruches auftaucht, wie

$$\frac{1}{x^2} = \frac{1}{x} - 2 \qquad \text{oder} \qquad \frac{x}{x+1} = \frac{3}{x-2}\,,$$

heißen *Bruchgleichungen*. Die Menge der x-Werte, für die *alle* auftretenden Nenner ungleich Null sind, heißt (maximale) *Definitionsmenge D* der Bruchgleichung.
Da im Abi nur „Lösen von Bruchgleichungen, die durch einmalige Multiplikation mit x^n oder <u>einem</u> Linearfaktor auflösbar sind" verlangt ist ([4]), bleibt auch dieser Abschnitt äußerst überschaubar.

Beispiel 1.20 Wir lösen die Bruchgleichung

$$\frac{x}{x+2} = \frac{2}{3} \qquad \text{auf } D = \mathbb{R}\setminus\{-2\}.$$

Das grundsätzliche Vorgehen ist stets dasselbe: „Nenner beseitigen", was man durch Multiplikation mit einem gemeinsamen Nenner, am besten mit dem *Hauptnenner* (= kleinstes gemeinsames Vielfaches aller Nenner) erreicht. Hier ist $3(x+2)$ der Hauptnenner, und da dieser für $x \in D$ ungleich Null ist, ist Multiplikation mit ihm eine Äquivalenzumformung:

$$\frac{x}{x+2} = \frac{2}{3} \quad \Longleftrightarrow \quad 3(x+2) \cdot \frac{x}{x+2} = 3(x+2) \cdot \frac{2}{3} \quad \Longleftrightarrow \quad 3x = 2(x+2).$$

Somit folgt $x = 4$ und da $4 \in D$ gilt, ist die Lösungsmenge $L = \{\, 4 \,\}$.

Den ersten Schritt obiger Umformung braucht man übrigens nicht so ausführlich aufzuschreiben, da für zwei Bruchterme $\frac{a}{b}$ und $\frac{c}{d}$ auf ihrem gemeinsamen Definitionsbereich stets gilt:

$$\frac{a}{b} = \frac{c}{d} \quad \Longleftrightarrow \quad ad = bc \qquad (\text{,,kreuzweises Multiplizieren"}),$$

wie man durch Multiplikation mit bd $(\neq 0)$ erkennt: Links kürzt sich das b weg, rechts das d.

Beispiel 1.21   Wir lösen die Bruchgleichung

$$\frac{2 - 4x}{2 - 2x} = -\frac{2x + 1}{1 - x}$$

wieder durch kreuzweises Multiplizieren:

$$\frac{2 - 4x}{2 - 2x} = -\frac{2x + 1}{1 - x} \quad \Longleftrightarrow \quad (1 - x) \cdot (2 - 4x) = -(2x + 1) \cdot (2 - 2x).$$

Ausmultiplizieren und Zusammenfassen (selber machen, zackzack!) ergibt $4 - 4x = 0$ bzw. $x = 1$. Also ist $L = \{\, 1 \,\}$ die Lösungsme... `falsch, ha hah!`

Da die Definitionsmenge dieser Bruchgleichung $D = \mathbb{R} \setminus \{1\}$ ist, gilt $1 \notin D$, d.h. unser einziger Lösungskandidat $x = 1$ liegt gar nicht in der Definitionsmenge. Somit ist die Lösungsmenge dieser Bruchgleichung leer, $L = \{\ \ \}$. Anders ausgedrückt: Obiger Äquivalenzpfeil war gar nicht gerechtfertigt, weil nirgendwo $x \in D$ stand. Es ist also unerlässlich, die Definitionsmenge einer Bruchgleichung zu bestimmen, bzw. am Ende wenigstens die Probe zu machen.

Noch eine wichtige Anmerkung zum Thema Hauptnenner: Beim kreuzweisen Multiplizieren haben wir die Gleichung mit dem gemeinsamen Nenner $(2 - 2x)(1 - x)$ malgenommen. Viel geschickter wäre jedoch gewesen, gleich den Hauptnennter $(2 - 2x) = 2(1 - x)$ zu verwenden:

$$\frac{2 - 4x}{2(1 - x)} = -\frac{2x + 1}{1 - x} \quad \overset{\cdot 2(1 - x)}{\Longleftrightarrow} \quad 2 - 4x = -(2x + 1) \cdot 2 \quad \Longleftrightarrow \quad 2 = -2 \quad \lightning.$$

So hat man deutlich weniger Rechenaufwand, und man erkennt sofort die Unlösbarkeit der Gleichung (durch den Widerspruch $2 = -2$), ohne Gefahr zu laufen, auf obige Scheinlösung $x = 1$ hereinzufallen. Es lohnt sich also, zuerst den Hauptnenner zu suchen.

Beispiel 1.22   Wir lösen

$$-\frac{1}{x} = \frac{1}{2} - \frac{15}{2x^2} \qquad \text{auf } D = \mathbb{R} \setminus \{0\}.$$

Der Hauptnenner ist $2x^2$ (da die anderen Nenner x und 2 als Faktoren in $2x^2$ bereits enthalten sind) und Multiplikation mit diesem beschert uns

$$-\frac{1}{x} = \frac{1}{2} - \frac{15}{2x^2} \quad \Longleftrightarrow \quad -2x = x^2 - 15 \quad \Longleftrightarrow \quad x^2 + 2x - 15 = 0.$$

Die Lösungen der quadratischen Gleichung sind $x_1 = 3$ und $x_2 = -5$ (Vieta oder MNF); da beide in D liegen, haben wir die Lösungsmenge $L = \{-5, 3\}$ gefunden. (Multiplikation mit $x \cdot 2 \cdot 2x^2 = 4x^3$ statt $2x^2$ hätte zusätzlich noch die Scheinlösung $x = 0$ geliefert.)

A **1.20**   Löse die folgenden Bruchgleichungen.

a) $\dfrac{1}{x^4} = \dfrac{16}{81}$ b) $\dfrac{2x}{x-5} = -\dfrac{2}{9}$ c) $\dfrac{3}{x^2} - \dfrac{2}{x} = 5$ d) $2x - 5 = \dfrac{1}{x-2}$

e) $\dfrac{x}{x-1} = \dfrac{x^2 + x}{x^2 - 1}$ f) $\dfrac{2}{x+3} - \dfrac{1}{x-3} = \dfrac{5}{9-x^2}$ (☠)

1.8   Exponentialgleichungen

Dieser Abschnitt entsammt [2]; dort findest du auch mehr Informationen zur Zahl e und der e-Funktion.

Gleichungen wie

$$e^{x^2+1} = 17 \qquad \text{oder} \qquad e^x = e^{2x} - 5,$$

bei denen das gesuchte x im Exponenten einer e-Funktion auftritt, heißen *Exponentialgleichungen* (zur Basis e). Prinzipiell darf die Basis jede beliebige Zahl $a > 0$ sein, aber meistens ist $a = e$.

Beispiel 1.23   Um eine so simple Gleichung wie

$$e^x = 5$$

zu lösen, müssen wir einfach das x „nach unten holen". Dies erledigt der Logarithmus zur Basis e für uns, auch *natürlicher Logarithmus* genannt:

$$\log_e = \ln \qquad \text{(lies: „ell-enn")}.$$

Der Logarithmus ist gar nicht so schlimm wie sein Ruf. Du musst dir eigentlich nur merken, dass „der ln das e-hoch killt", denn es ist

$$\ln(e^x) = x \quad \text{für alle } x \in \mathbb{R},$$

da e-hoch-Nehmen und Logarithmieren-zur-Basis-e Umkehrrechenarten voneinander sind, sich also gegenseitig aufheben (ebenso wie Wurzelziehen und Quadrieren). Logarithmieren wir also beide Seiten obiger Gleichung, bleibt auf der linken Seite nur noch $\ln(e^x) = x$ stehen und wir erhalten

$$e^x = 5 \quad \Longleftrightarrow \quad x = \ln 5 \approx 1{,}609 \quad \text{(TR)}.$$

(Bei ln(5) lässt man die Klammern weg; auch ln(x) schreibt man oft nur als ln x.)
Braucht man zwar seltener, aber auch umgekehrt gilt

$$e^{\ln(x)} = x, \quad \text{allerdings nur für } x > 0.$$

Die Einschränkung $x > 0$ kommt daher, dass ln(x) für $x \leqslant 0$ nicht definiert ist, denn

„der natürliche Logarithmus ln(x) ist diejenige Zahl, mit der man e po-
tenzieren muss, um x als Ergebnis zu erhalten[10]",

und Zahlen $x \leqslant 0$ können nun mal nicht als Ergebnis von $e^{\text{wasauchimmer}}$ vorkommen,
da Letzteres stets positiv ist.

Begrabe ab jetzt deine Feindschaft mit Logarithmen; es genügt schon, wenn du den
folgenden Kasten anwenden kannst.

Merke: e-hoch und ln fressen sich gegenseitig auf, d.h. es gilt

$$\ln(e^x) = x \quad (x \in \mathbb{R}) \qquad \text{und} \qquad e^{\ln(x)} = x \quad (x > 0).$$

Dies lässt sich auch an den Schaubildern schön erkennen. Wir starten in Abbildung 1.6
mit $x = 1$ und setzen es in die e-Funktion ein, um bei $e^1 = e$ zu landen (verfolge die
grau gestrichelten Linien!). Füttern wir die ln-Funktion mit diesem e^1, so erhalten
wir als Ergebnis $\ln e^1 = 1$, also genau unseren Startwert.

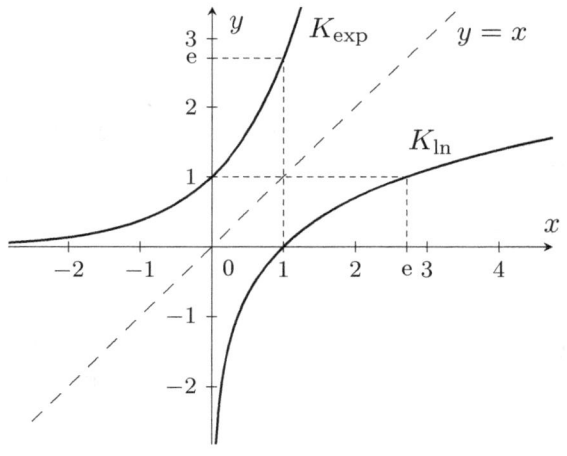

Abbildung 1.6

Und das gilt ebenso für jeden beliebigen Startwert $x \in \mathbb{R}$, da eben e-hoch und ln Um-
kehrfunktionen voneinander sind. Geometrisch hat dies zur Folge, dass ihre Schaubil-
der durch Spiegelung an der ersten Winkelhalbierenden $y = x$ ineinander übergehen.
Wieder verwirrt und frustriert? Dann vergiss diese Erklärung und konzentriere dich
auf die nächsten Rechenbeispiele. Aber merk dir wenigstens grob den Verlauf der
ln-Kurve und dass $\ln 1 = 0$ ist (weil eben $e^0 = 1$ gilt).

---

[10]OK, beim Tippen dieses Satzes wird mir wieder klar, warum der Logarithmus bei SchülerInnen
oft unbeliebt ist ...

Beispiel 1.24 Löse die Gleichung

$$3 - \mathrm{e}^{-2x} = 2{,}5$$

nach x auf. Zuerst isolieren wir das e-hoch, indem wir -3 und $\cdot(-1)$ auf beiden Seiten der Gleichung rechnen:

$$-\mathrm{e}^{-2x} = 2{,}5 - 3 = -0{,}5 \quad \Longleftrightarrow \quad \mathrm{e}^{-2x} = 0{,}5.$$

Nun wird der natürliche Logarithmus auf beiden Seiten angewandt. Aufgrund von

$$\ln(\mathrm{e}^{-2x}) = -2x$$

(e und ln canceln sich) muss dann nur noch durch -2 geteilt werden, um x zu erhalten:

$$\ln(\mathrm{e}^{-2x}) = -2x = \ln 0{,}5 \quad \Longleftrightarrow \quad x = \frac{\ln 0{,}5}{-2} \approx 0{,}347.$$

Ein **böser Fehler**, den man gleich zu Beginn machen könnte, wäre den ln sofort anzuwenden:

$$\ln(3 - \mathrm{e}^{-2x}) = \ln 2{,}5 \quad \overset{\texttt{Fail!}}{\Longleftrightarrow} \quad \ln 3 - \ln(\mathrm{e}^{-2x}) = \ln 2{,}5.$$

Man darf den ln nämlich *nicht* in eine Summe oder Differenz reinziehen, d.h. i.A. ist

$$\ln(x \pm y) \neq \ln(x) \pm \ln(y) \ !$$

Die Umkehrung des ersten Potenzgesetzes für die e-Funktion, $\mathrm{e}^{r+s} = \mathrm{e}^r \cdot \mathrm{e}^s$, ergibt

$$\ln(x \cdot y) = \ln(x) + \ln(y),$$

d.h. der ln macht aus einem Produkt eine Summe (und entsprechend aus einem Quotienten eine Differenz), aber einen Ausdruck wie $\ln(r + s)$ kann man *nicht weiter vereinfachen*. Schreib dir das hinter die Ohren!

Beispiel 1.25 Löse die Gleichung

$$\mathrm{e}^{2x} - \mathrm{e}^x - 2 = 0.$$

Hier bringt alles Umgeforme und Logarithmieren erst mal gar nix, wenn man nicht folgenden Trick erkennt: Nach Potenzgesetz 2 gilt

$$\mathrm{e}^{2x} = (\mathrm{e}^x)^2,$$

d.h. die ursprüngliche Gleichung verwandelt sich in

$$(\mathrm{e}^x)^2 - \mathrm{e}^x - 2 = 0,$$

was man als quadratische Gleichung erkennt, nur dass die gesuchte Variable nicht als x, sondern als e^x auftritt. Deshalb *substituieren* wir $\mathrm{e}^x = u$ und erhalten

$$u^2 - u - 2 = 0.$$

Diese stinknormale quadratische Gleichung besitzt $u_1 = 2$ und $u_2 = -1$ als Lösungen (Vieta). Die *Rücksubstitution* $u = \mathrm{e}^x$ dürfen wir natürlich nicht vergessen, da wir ja x und nicht u haben wollen.

$$\mathrm{e}^{x_1} = u_1 = 2 \quad \text{ergibt} \quad x_1 = \ln 2 \approx 0{,}693, \quad \text{während}$$

$$\mathrm{e}^{x_2} = u_2 = -1 \quad \text{keine Lösung liefert, da } \mathrm{e}^\heartsuit \text{ nie negativ werden kann,}$$

bzw. weil der ln für negative x-Werte nicht definiert ist (siehe Abbildung 1.6), d.h. $\ln(-1)$ existiert nicht! Die Lösungsmenge der Gleichung ist somit $L = \{\ln 2\}$.

$\boxed{\text{A}}$ **1.21**   Löse die Gleichungen nach x auf.

    a) $\mathrm{e}^{2x+1} = 10$ b) $\mathrm{e}^{3-x} = -3$ c) $50 - 44 \cdot \mathrm{e}^{-2x} = 21$ d) $\mathrm{e}^{2x} + 12 = 7\mathrm{e}^x$

    e) $\mathrm{e}^x + 1 - 6\mathrm{e}^{-x} = 0$ f) $\ln(2x) = \frac{1}{2}$

$\boxed{\text{A}}$ **1.22**   Löse $S - c \cdot \mathrm{e}^{-kt} = y$ nach k auf.

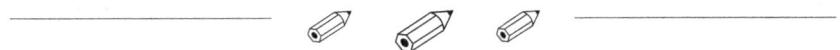

1.9   Trigonometrische Gleichungen

Auch dieser Abschnitt ist [2] entlehnt; dort findest du das nötige Grundlagenwissen über trigonometrische Funktionen und das Grad- bzw. Bogenmaß.

Eine Gleichung wie z.B.

$$\sin(x) - \cos(x) = 0 \quad \text{oder} \quad \sin^2(x) = \tan(x),$$

in der die gesuchte Variable x (meist im Bogenmaß) im Argument einer oder mehrerer trigonometrischer Funktionen steht, heißt *trigonometrische Gleichung*. Das x darf auch „normal" vorkommen, wie z.B. in $\sin(x) = x - 1$, allerdings hat man dann selten eine Chance, die Gleichung noch exakt von Hand lösen zu können. Beginnen wir mit einem einfachen Beispiel.

Beispiel 1.26   Wir bestimmen alle $x \in [0\,;2\pi]$ mit

$$\sin(x) = \frac{1}{2}\,.$$

Die Lösung $x_1 = \frac{\pi}{6}$ ($\alpha_1 = 30°$) erkennt man sofort, zumindest wenn man Tabelle 1.1 auswendig gelernt hat. Falls nicht, muss man mit dem Taschenrechner

$$x = \arcsin(0{,}5) \quad (\text{oder } \sin^{-1}(0{,}5))$$

x (bzw. α)	0 (0°)	$\frac{\pi}{6}$ (30°)	$\frac{\pi}{4}$ (45°)	$\frac{\pi}{3}$ (60°)	$\frac{\pi}{2}$ (90°)
$\sin(x)$	0	$\frac{1}{2}$	$\frac{\sqrt{2}}{2}$	$\frac{\sqrt{3}}{2}$	1
$\cos(x)$	1	$\frac{\sqrt{3}}{2}$	$\frac{\sqrt{2}}{2}$	$\frac{1}{2}$	0

Tabelle 1.1

ausrechnen (am besten im Gradmaß DEG, da man sonst von 0,5236 eher nicht auf den exakten Wert $\frac{\pi}{6}$ kommt; neuere Taschenrechner zeigen jedoch den Bruch an).

Die Besonderheit an trigonometrischen Gleichungen ist, dass es aufgrund der Symmetrie und Periodizität von sin, cos und tan meist noch weitere Lösungen gibt. Um diese zu finden, kann man sich das Schaubild oder den Einheitskreis zu Hilfe holen.

Beginnen wir mit dem Einheitskreis $\mathbb{E}$ in Abbildung 1.7: Wir suchen alle Punkte $P \in \mathbb{E}$, deren y-Pfeil die Länge $\frac{1}{2}$ besitzt und nach oben zeigt. Hat man P_1 (mit $x_1 = \frac{\pi}{6}$) gefunden, so sieht man, dass P_2, der Spiegelpunkt von P_1 an der y-Achse, ebenfalls zum Sinuswert $\frac{1}{2}$ gehört. Sein Bogenmaß ist

$$x_2 = \pi - x_1 = \frac{5\pi}{6}$$

(bzw. sein Gradmaß $\alpha_2 = 180° - \alpha_1 = 150°$), da Q das Bogenmaß π (180°) besitzt. Im 3. und 4. Quadranten gibt es keine weiteren Lösungen, da die Sinuswerte dort negativ sind (die Pfeile zeigen nach unten).

Somit lautet die Lösungsmenge $L = \{\, x_1, x_2 \,\} = \{\, \frac{\pi}{6}, \frac{5\pi}{6} \,\}$.

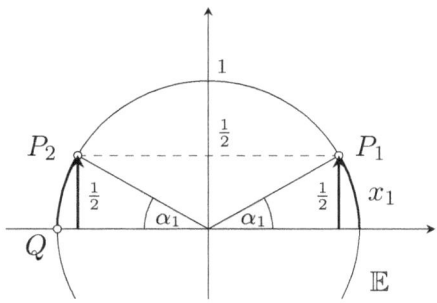

Abbildung 1.7

Alternativ kann man auch mit dem Schaubild in Abbildung 1.8 arbeiten: $\sin(x) = \frac{1}{2}$ bedeutet, dass wir die Schnittpunkte der Sinuskurve mit der Geraden $y = \frac{1}{2}$ suchen. Aus Symmetriegründen – oder mit Hilfe der Beziehung $\sin(\pi - x) = \sin(x)$ – erkennt man $x_2 = \pi - x_1 = \frac{5\pi}{6}$ als zweite Lösung, und außerdem sieht man sofort, dass es in $[\,0\,;2\pi\,]$ keine weiteren Lösungen mehr gibt.

Beachte: Die Definitionsmenge der Gleichung, hier also die Vorgabe „$x \in [\,0\,;2\pi\,]$" bestimmt entscheidend das Aussehen der Lösungsmenge mit, wie die nächsten Beispiele zeigen. Dies ist bei trigonometrischen Gleichungen generell der Fall, weil die auftretenden Funktionen periodisch sind.

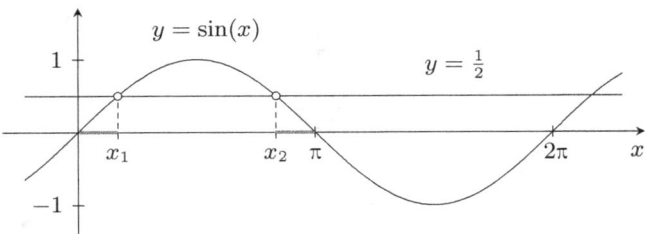

Abbildung 1.8

Beispiel 1.26′ Für welche $x \in [\,0\,;4\pi\,]$ gilt $\sin(x) = \frac{1}{2}$?

Die Lösungen $x_1 = \frac{\pi}{6}$ und $x_2 = \frac{5\pi}{6}$ kennen wir bereits. Da die Sinuskurve die Periode 2π besitzt, bzw. da man nach 2π einmal ganz um den Einheitskreis herum ist, sind nun auch $x_3 = \frac{\pi}{6}+2\pi$ und $x_4 = \frac{5\pi}{6}+2\pi$ weitere Lösungen, d.h. es ist $L' = \{\,\frac{\pi}{6}, \frac{5\pi}{6}, \frac{13\pi}{6}, \frac{17\pi}{6}\,\}$.

Beispiel 1.26″ Für welche $x \in \mathbb{R}$ gilt $\sin(x) = \frac{1}{2}$?

Nun sind sogar (x_1 und x_2 wie eben)

$$x_{1,k} = x_1 + k \cdot 2\pi \qquad \text{und} \qquad x_{2,k} = x_2 + k \cdot 2\pi$$

für alle beliebigen $k \in \mathbb{Z}$ Lösungen (mache dir das auch nochmal bildlich an der Sinuskurve bzw. an $\mathbb{E}$ klar!). Somit besitzt die Lösungsmenge diesmal nicht nur zwei oder vier, sondern gleich unendlich viele Elemente:

$$L'' = \{\,x_1 + k \cdot 2\pi,\, x_2 + k \cdot 2\pi \mid k \in \mathbb{Z}\,\}.$$

Laut [4] ist im Abitur die allgemeine Angabe aller Lösungen (wie hier mit dem $k \in \mathbb{Z}$) nicht verlangt, d.h. der Definitionsbereich der Gleichung wird ein endliches Intervall sein.

Beispiel 1.26‴ Für welche $x \in (\,0\,;\frac{\pi}{6}\,)$ gilt $\sin(x) = \frac{1}{2}$?

Diesmal gibt es gar keine Lösungen, denn $x_1 = \frac{\pi}{6}$ liegt nicht im offenen Intervall $(\,0\,;\frac{\pi}{6}\,)$, d.h. es ist $L''' = \{\ \}$.

Beispiel 1.27 Welche $x \in [\,0\,;2\pi\,]$ erfüllen

$$\cos(x) = -\frac{\sqrt{3}}{2}\,?$$

Fangen wir wieder mit dem Einheitskreis an: Aus Tabelle 1.1 weiß man $\cos(x_0) = +\frac{\sqrt{3}}{2}$ für $x_0 = \frac{\pi}{6}$ ($\alpha_0 = 30°$). Weil aber der negative Wert verlangt ist, muss man den Punkt P_0 mit Bogenmaß $x_0 = \frac{\pi}{6}$ an der y-Achse spiegeln und erhält den Punkt P_1 mit $x_1 = \pi - \frac{\pi}{6} = \frac{5\pi}{6}$ ($\alpha_1 = 180° - \alpha_0 = 150°$) als erste Lösung. Ein müder Blick auf Abbildung 1.9 lässt einen sofort $x_2' = -x_1$ als zweite Lösung erkennen. Da allerdings $x_2' = -\frac{5\pi}{6}$ nicht in $[\,0\,;2\pi\,]$ liegt, muss man erst noch 2π addieren, um $x_2 = x_2'+2\pi = \frac{7\pi}{6}$ ($\alpha_2 = 210°$) als zweite Lösung im Definitionsbereich zu erhalten.

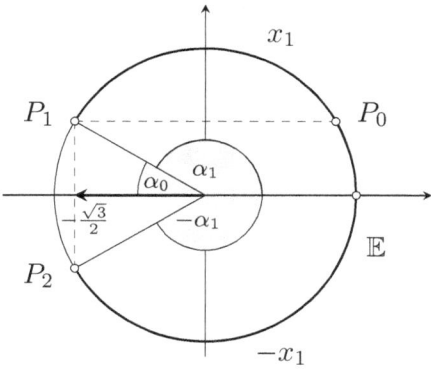

Abbildung 1.9

Alternativ kommt man auch ganz ohne negative Vorzeichen direkt auf x_2, wenn man $x_2 = \pi + x_0$ ($\alpha_2 = 180° + \alpha_0$) rechnet.

Versuche nun selbst anhand Abbildung 1.10 erneut auf $L = \{\frac{5\pi}{6}, \frac{7\pi}{6}\}$ zu kommen und entscheide danach, welche Methode dir lieber ist.

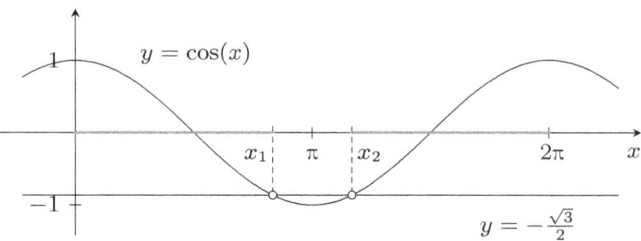

Abbildung 1.10

Beispiel 1.28   Welche $x \in \mathbb{R}$ erfüllen

$$\sin(2x - 1) = 0?$$

Dies sieht auf den ersten Blick schwierig(er) aus, da es sich um die Nullstellen einer in x-Richtung gestauchten und verschobenen Sinuskurve handelt. Aber durch die Substitution

$$2x - 1 = u$$

verwandelt sich die Gleichung in ein harmloses

$$\sin(u) = 0,$$

mit Lösungen $u = k \cdot \pi$, $k \in \mathbb{Z}$. Die Rücksubstitution $u = 2x - 1$ ergibt

$$x = \frac{u + 1}{2} = \frac{k\pi + 1}{2}, \quad k \in \mathbb{Z},$$

also lautet die Lösungsmenge $L = \{k \cdot \frac{\pi}{2} + \frac{1}{2} \mid k \in \mathbb{Z}\}$.

Beispiel 1.29   Wir bestimmen alle $x \in \mathbb{R}$ mit

$$1 - 2\sin(x) = \cos^2(x).$$

Dies sieht zunächst total hoffnungslos aus, weil Sinus *und* Kosinus auftreten, eins davon sogar noch im Quadrat. Aber der trigonometrische Pythagoras hilft hier weiter:

$$\sin^2(x) + \cos^2(x) = 1 \quad \Longleftrightarrow \quad \cos^2(x) = 1 - \sin^2(x).$$

Dies eingesetzt in obige Gleichung ergibt

$$1 - 2\sin(x) = 1 - \sin^2(x) \quad \Longleftrightarrow \quad \sin^2(x) - 2\sin(x) = 0.$$

Die Substitution

$$\sin(x) = u$$

führt letztendlich auf die quadratische Gleichung

$$u^2 - 2u = 0 \quad \Longleftrightarrow \quad u \cdot (u - 2) = 0 \quad \overset{\text{NPS}}{\Longleftrightarrow} \quad u = 0 \ \lor \ u - 2 = 0$$

Die Rücksubstitution $u = \sin(x)$ führt auf

$$\sin(x) = 0 \quad \lor \quad \sin(x) = 2.$$

Die erste Gleichung besitzt die Lösungen $x = k\pi$, $k \in \mathbb{Z}$, während die zweite Gleichung keine Lösungen besitzt, da stets $\sin(x) \leqslant 1$ gilt. Somit lautet die Lösungsmenge $L = \{\, k\pi \mid k \in \mathbb{Z} \,\}$.

A **1.23**   Bestimme die Lösungsmenge (sofern möglich ohne TR).

a) $\cos(x) = 0$, $x \in \mathbb{R}$
b) $\sin(x) + \sqrt{2} = -\sin(x)$, $x \in \mathbb{R}$

c) $4\cos(x) + 1 = \cos(x)$, $x \in [\pi\,;3\pi]$
d) $\sin^2(x) = 0{,}49$, $x \in [0\,;4\pi]$

e) $\pi\sin(2\pi x - \pi) - \pi = 0$, $x \in \mathbb{R}$
f) $\frac{1}{2}\cos(\pi x + 5) - 1 = 0$, $x \in \mathbb{R}_{>0}$

A **1.24**   Ebenso. Die Definitionsmenge sei hier immer $D = [-\pi\,;\pi)$.

a) $\cos^2(x) - 2\cos(x) = 0$
b) $3\cos^2(x) - 1 = \sin^2(x)$

c) $2\cos^2(x) - 7\cos(x) = -3$
d) $10\sin^2(x) = 9 + 3\cos(x)$

e) $\sin(x) + 3\tan(x) = 0$
f) $\sin(x) - 2\cos(x) = 0$

A **1.25**   Gib eine Gleichung mit Lösungsmenge $L = \{\, \pi + k \cdot 4\pi \mid k \in \mathbb{Z} \,\}$ an. ()

A **1.26**   Für welche $x \in \mathbb{R}$ gilt $\cos(2x) = \cos(5x - 1)$?

1.10 Lineare Gleichungssysteme (LGS)

Wie man ein LGS mittels Gauß-Verfahren löst, wurde bereits in Geometrie zur Genüge geübt. Hier erfolgt deshalb nur ein kurzer Rückblick auf die sogenannten „Steckbrief-aufgaben": Über das Schaubild K_f einer ganzrationalen Funktion f sind bestimmte Dinge bekannt und du sollst daraus ein LGS für die unbekannten Koeffizienten aufstellen, es lösen und so die Funktionsgleichung $f(x) = a_n x^n + a_{n-1} x^{n-1} + \ldots + a_1 x + a_0$ erhalten. Glücklicherweise (vor allem für den armen Korrektor) ist dabei der Grad n selten größer als 3.

Beispiel 1.30   Langweiligster Fall: n-fache Punktprobe.

Welche Parabel zweiter Ordnung verläuft durch $A(-1 \mid -2)$, $B(1 \mid 0)$ und $C(2 \mid 7)$? Der allgemeine Ansatz für die Funktionsgleichung lautet

$$f(x) = ax^2 + bx + c$$

mit den noch unbekannten Koeffizienten a, b, $c \in \mathbb{R}$. Nun macht man dreimal die Punktprobe: Damit $A \in K_f$ gilt (d.h. A auf dem Schaubild K_f, also der Parabel, liegt), muss bei Einsetzen von $x_A = -1$ in $f(x)$ der y-Wert von A, also $y_A = -2$, herauskommen. Ebenso für B und C.

$$A(-1 \mid -2) \in K_f: \qquad f(-1) = a \cdot (-1)^2 + b \cdot (-1) + c = -2$$

$$B(1 \mid 0) \in K_f: \qquad f(1) = a \cdot 1^2 + b \cdot 1 + c = 0$$

$$C(2 \mid 7) \in K_f: \qquad f(2) = a \cdot 2^2 + b \cdot 2 + c = 7$$

Somit erhält man das folgende LGS für die gesuchten Koeffizienten.

$$a - b + c = -2$$

$$a + b + c = 0$$

$$4a + 2b + c = 7$$

Auf Matrixform bringen und Gauß-Algorithmus anwenden (tue das) ergibt

$$\begin{pmatrix} 1 & -1 & 1 & \bigm| & -2 \\ 1 & 1 & 1 & \bigm| & 0 \\ 4 & 2 & 1 & \bigm| & 7 \end{pmatrix} \overset{[\ldots]}{\Longleftrightarrow} \begin{pmatrix} 1 & 0{,}5 & 0{,}25 & \bigm| & 1{,}75 \\ 0 & 1 & -0{,}5 & \bigm| & 2{,}5 \\ 0 & 0 & 1 & \bigm| & -3 \end{pmatrix}.$$

Von unten nach oben auflösen liefert $c = -3$, $b = 1$ und $a = 2$, also lautet die gesuchte Funktionsgleichung

$$f(x) = 2x^2 + x - 3.$$

Beispiel 1.31   Das Schaubild welcher ganzrationalen Funktion f dritten Grades berührt die x-Achse bei $x = 1$ und besitzt den Tiefpunkt $T\,(\,3\,|\,{-4}\,)$?

Hier muss man schon etwas genauer hinschauen, um alle nötigen Informationen aus dem Text zu extrahieren. Der allgemeine Ansatz für die Funktionsgleichung lautet jedenfalls

$$f(x) = ax^3 + bx^2 + cx + d$$

mit a, b, c, $d \in \mathbb{R}$. Wir brauchen demnach vier Gleichungen, um die vier gesuchten Koeffizienten bestimmen zu können. Da hier auch Bedingungen an die Ableitung von f gestellt werden, leitet man f am besten gleich einmal ab:

$$f'(x) = 3ax^2 + 2bx + c.$$

(1) Zunächst verläuft K_f durch $N\,(\,1\,|\,0\,)$ (auf der x-Achse), also Punktprobe.

$$N\,(\,1\,|\,0\,) \in K_f: \qquad f(1) = a + b + c + d = 0$$

(2) Aber mehr noch: Die x-Achse bei $x = 1$ *berühren* heißt, dass K_f bei $x = 1$ die x-Achse als Tangente besitzt, d.h. dass dort die Steigung von K_f gleich Null ist.

$$f'(1) = 0: \qquad 3a + 2b + c = 0$$

(3) K_f verläuft durch $T\,(\,3\,|\,{-4}\,)$.

$$T\,(\,3\,|\,{-4}\,) \in K_f: \qquad f(3) = 27a + 9b + 3c + d = -4$$

(4) Zudem ist T ein Extrempunkt, d.h. bei $x = 3$ muss die Ableitung von f verschwinden.

$$f'(3) = 0: \qquad 3a \cdot 3^2 + 2b \cdot 3 + c = 27a + 6b + c = 0$$

Insgesamt erhalten wir ein 4×4-LGS.

$$
\begin{aligned}
a + b + c + d &= 0 \\
3a + 2b + c + 0d &= 0 \\
27a + 9b + 3c + d &= -4 \\
27a + 6b + c + 0d &= 0
\end{aligned}
$$

Auf Matrixform bringen und Gauß-Algorithmus anwenden liefert (do it und beachte dabei, dass in der d-Spalte bereits zwei 0er stehen, d.h. es empfiehlt sich hier, die Matrix auf umgekehrte Zeilenstufenform zu bringen)

$$
\left(
\begin{array}{cccc|c}
1 & 1 & 1 & 1 & 0 \\
3 & 2 & 1 & 0 & 0 \\
27 & 9 & 3 & 1 & -4 \\
27 & 6 & 1 & 0 & 0
\end{array}
\right)
\overset{[\ldots]}{\Longleftrightarrow}
\left(
\begin{array}{cccc|c}
1 & 1 & 1 & 1 & 0 \\
3 & 2 & 1 & 0 & 0 \\
5 & 1 & 0 & 0 & -1 \\
1 & 0 & 0 & 0 & 1
\end{array}
\right).
$$

Von unten nach oben hocharbeiten ergibt $a = 1$, $b = -6$, $c = 9$ und $d = -4$, so dass

$$f(x) = x^3 - 6x^2 + 9x - 4$$

ist. Achtung: Da nur die waagerechte Tangente bei T verwendet wurde (notwendige Bedingung für Extrempunkt), aber nicht, dass T ein Tiefpunkt ist, muss man dies noch prüfen. Hier ist tatsächlich $f''(3) = 6 \cdot 3 - 12 = 6 > 0$, d.h. T ist ein Tiefpunkt. Hätte in der Aufgabe „Hochpunkt bei T" gestanden, wäre sie unlösbar gewesen, was im Abi aber (hoffentlich) nie passieren wird.

A **1.27**   Bestimme die Funktionsgleichung

a) einer Parabel zweiter Ordnung, die durch $A\,(-1\,|\,0)$, $B\,(2\,|\,6)$ und $C\,(3\,|\,4)$ verläuft.

b) einer Parabel zweiter Ordnung, deren Scheitel bei $S\,(2\,|\,-1)$ liegt und die bei $x = 4$ eine Tangente besitzt, die parallel zu $y = 2x + \pi^2$ verläuft.

c) einer Funktion dritten Grades, deren Graph durch $P\,(-2\,|\,3)$ verläuft und in $W\,(-1\,|\,1)$ eine Wendetangente mit der Gleichung $y = -3x - 2$ besitzt.

d) einer Funktion vierten Grades, deren Schaubild symmetrisch zur y-Achse verläuft, bei $x = 1$ die x-Achse berührt und bei $x = -\frac{1}{\sqrt{3}}$ eine Wendestelle besitzt. (☠)

2 Ein paar Ungleichungen

Nach [4] ist im Abitur nur „Lösen von Ungleichungen, die über die entsprechende Gleichung und anschließende funktionale Betrachtung gelöst werden können" verlangt, „<u>nicht</u>: Auflösung einer Ungleichung durch Äquivalenzumformungen".

2.1 Lineare Ungleichungen

Beispiel 2.1 Auch wenn es offiziell nicht verlangt ist, bei linearen Ungleichungen wie

$$-\frac{1}{2}x + 2 > 0$$

ist das Lösen durch Äquivalenzumformungen der schnellste Weg zum Ziel:

$$-\frac{1}{2}x + 2 > 0 \quad \Longleftrightarrow \quad -\frac{1}{2}x > -2 \quad \overset{!}{\Longleftrightarrow} \quad x < \frac{-2}{-\frac{1}{2}} = 4.$$

Im zweiten Schritt gibt es einen wichtigen Punkt zu beachten: Es wird durch die negative Zahl $-\frac{1}{2}$ geteilt (bzw. mit der negativen Zahl -2 multipliziert), weshalb man das Ungleichheitszeichen umdrehen muss[1]!
Die Lösungsmenge kann man am Ende direkt ablesen; es sind alle reellen Zahlen x, die $x < 4$ erfüllen, d.h.

$$L = \{\, x \in \mathbb{R} \mid x < 4 \,\} = (-\infty\,;4\,).$$

> **Merke:** Multipliziert oder dividiert man beide Seiten einer Ungleichung mit einer negativen Zahl, so muss das Ungleichheitszeichen umgedreht werden. Bei Multiplikation oder Division mit einer positiven Zahl bleibt es hingegen erhalten.

Beispiel 2.1′ Um die obige Ungleichung ohne Äquivalenzumformungen zu lösen, löst man zunächst die zugehörige Gleichung, d.h. man ersetzt das >-Zeichen durch ein Gleichzeichen und rechnet:

$$-\frac{1}{2}x + 2 = 0 \quad \Longleftrightarrow \quad x = \frac{-2}{-\frac{1}{2}} = 4.$$

Dann kommt die „funktionale Betrachtung": Man stellt sich die Gerade $y = -\frac{1}{2}x + 2$ vor (siehe Abbildung 2.1) und erkennt, dass diese für $x < 4$ oberhalb der x-Achse verläuft und für $x > 4$ unterhalb. Somit erhalten wir wieder $L = (-\infty\,;4\,)$ als Lösungsmenge der Ungleichung.
Anstatt sich die Gerade vorzustellen bzw. zu zeichnen, kann man alternativ folgendermaßen vorgehen: Durch die einzige Lösung $x = 4$ der zugehörigen Gleichung kommen nur

$$I_1 = (-\infty\,;4\,) \quad \text{oder} \quad I_2 = (\,4\,;\infty\,)$$

---

[1]Simples Zahlenbeispiel hierzu: Aus $2 < 3$ folgt durch Multiplikation bzw. Division mit -1 nicht etwa $-2 < -3$, sondern $-2 > -3$, da -2 weiter rechts auf dem Zahlenstrahl liegt als -3.

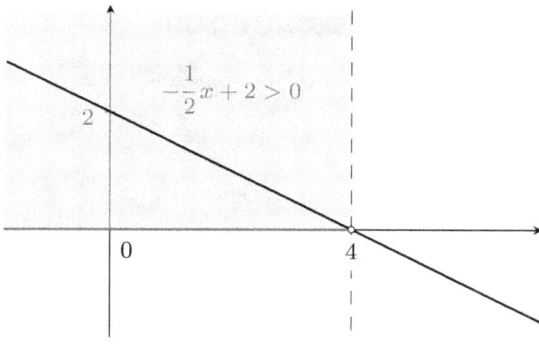

Abbildung 2.1

als mögliche Lösungsintervalle in Frage. Nun überprüft man durch Einsetzen jeweils einer (möglichst einfachen!) Zahl aus $I_{1,2}$ die Gültigkeit der Ungleichung:

○ Für $0 \in I_1$ ist $-\frac{1}{2} \cdot 0 + 2 = 2 > 0$ wahr.

○ Für $6 \in I_2$ ist $-\frac{1}{2} \cdot 6 + 2 = -1 > 0$ falsch.

Gilt die Ungleichung für $0 \in I_1$, so gilt sie bereits für alle Zahlen in I_1, denn eine Gerade macht keine Sprünge von Plus zu Minus außer bei ihrer Nullstelle $x = 4$. Ebenso ist die Ungleichung automatisch auf ganz I_2 falsch, wenn sie für $6 \in I_2$ falsch ist. Somit ist $L = I_1$ die Lösungsmenge. Dieses Vorgehen ist vor allem bei Ungleichungen höheren Grades nützlich.

Beispiel 2.1″ Steht anstelle des Größer-Zeichens ein Größer-Gleich, also

$$-\frac{1}{2}\,x + 2 \geqslant 0,$$

dann gehört $x = 4$ mit zur Lösungsmenge, d.h. hier gilt

$$L' = \{\, x \in \mathbb{R} \mid x \leqslant 4 \,\} = (-\infty \,;\, 4].$$

A 2.1   Löse die Ungleichungen: a) $\frac{2}{3}x - 6 < 0$ b) $-\frac{1}{2}x + 1 \geqslant \frac{1}{3}x + 3$.

2.2   Quadratische Ungleichungen

Beispiel 2.2   Wir lösen die quadratische Ungleichung

$$x^2 - 2x - 3 > 0.$$

Die Lösungen der zugehörigen Gleichung $f(x) = x^2 - 2x - 3 = 0$ sind nach Vieta (oder MNF) $x_1 = -1$ und $x_2 = 3$. Stellt man sich das Schaubild K_f von f als nach oben geöffnete Parabel vor (siehe Abbildung 2.2), dann ist klar, dass zwischen den Nullstellen $f(x) < 0$ gilt und links und rechts davon $f(x) > 0$, also ist die Lösungsmenge der Ungleichung

$$L = \{\, x \in \mathbb{R} \mid x < -1 \ \text{oder} \ x > 3 \,\}.$$

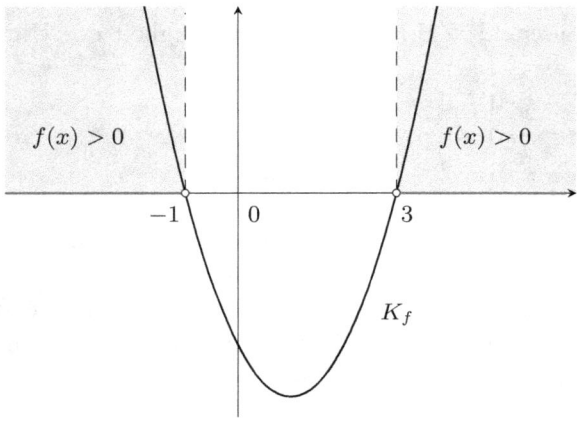

Abbildung 2.2

Dies kann man mit Hilfe des Zeichens $\cup$ (lies: „vereinigt mit") auch als *Vereinigung* zweier Intervalle schreiben:

$$L = (-\infty\,;-1\,) \cup (\,3\,;\infty\,),$$

was nichts anderes bedeutet, als dass ein $x \in L$ in $(-\infty\,;-1\,)$ *oder* in $(\,3\,;\infty\,)$ liegt (kein ausschließendes entweder-oder, was hier aber keinen Unterschied macht, da die beiden Teilintervalle sich nicht überlappen).

Alternativ kann man das Einsetzverfahren aus Beispiel 2.1′ heranziehen: Durch die Nullstellen $x_1 = -1$ und $x_2 = 3$ erhält man als mögliche Lösungsintervalle

$$I_1 = (-\infty\,;-1\,), \quad I_2 = (-1\,;3\,), \quad I_3 = (\,3\,;\infty\,).$$

Nun setzt man wieder einzelne Zahlen aus $I_{1,2,3}$ ein:

- Für $-2 \in I_1$ ist $(-2)^2 - 2 \cdot (-2) - 3 = 5 > 0$ wahr.

- Für $0 \in I_2$ ist $-3 > 0$ falsch.

- Für $4 \in I_3$ ist $4^2 - 2 \cdot 4 - 3 = 5 > 0$ wahr.

Gilt die Ungleichung für $-2 \in I_1$, so gilt sie bereits für alle Zahlen in I_1, denn eine Parabel macht keine Sprünge von Plus zu Minus außer bei ihren Nullstellen. Analog für $I_{2,3}$. Insgesamt erhält man so $L = I_1 \cup I_3$. Aber auch hier ist die grafische Lösung vorzuziehen.

$\boxed{\text{A}}$ **2.2**   Löse die folgenden quadratischen Ungleichungen.

a) $x^2 - 2x - 8 \leqslant 0$ b) $x^2 + x + 2 < 0$ c) $-2x^2 + x + 8 < -2$

2.3   Ungleichungen in Produktform

Manchmal treten Ungleichungen der Gestalt

$$(x - 5) \cdot (x^2 + 1) < 0 \qquad \text{oder} \qquad \mathrm{e}^x \cdot (x - 2) \geqslant 0$$

auf, d.h. ein Produkt zweier Ausdrücke soll kleiner oder größer (gleich) 0 werden. Hier auf gar keinen Fall ausmultiplizieren, sondern die folgende Tatsache verwenden.

Merke: Ein Produkt $a \cdot b$ ist genau dann positiv, wenn beide Faktoren dasselbe Vorzeichen haben („Plus mal Plus oder Minus mal Minus ergibt insgesamt Plus"):

$$a \cdot b > 0 \quad \Longleftrightarrow \quad (a > 0 \text{ und } b > 0) \text{ oder } (a < 0 \text{ und } b < 0).$$

Ein Produkt $a \cdot b$ ist genau dann negativ, wenn beide Faktoren verschiedenes Vorzeichen haben („Plus mal Minus oder Minus mal Plus ergibt insgesamt Minus"):

$$a \cdot b < 0 \quad \Longleftrightarrow \quad (a > 0 \text{ und } b < 0) \text{ oder } (a < 0 \text{ und } b > 0).$$

Ist $a \cdot b \geqslant 0$ bzw. $a \cdot b \leqslant 0$ gefordert, so sind die Größer- und Kleiner-Zeichen einfach überall durch Größer-Gleich bzw. Kleiner-Gleich zu ersetzen.

Beispiel 2.3   Wir lösen die Ungleichung

$$(x + 1) \cdot (x - 3) > 0.$$

Damit dieses Produkt > 0 wird, müssen die beiden Faktoren $x + 1$ und $x - 3$ dasselbe Vorzeichen besitzen, d.h. es sind zwei Fälle zu untersuchen:

<u>Fall 1</u>: $x + 1 > 0$ und $x - 3 > 0$, d.h. $x > -1$ und $x > 3$, also zusammen $x > 3$.

<u>Fall 2</u>: $x + 1 < 0$ und $x - 3 < 0$, d.h. $x < -1$ und $x < 3$, also zusammen $x < -1$.

Insgesamt ergibt sich die Lösungsmenge

$$L = \{\, x \in \mathbb{R} \mid x < -1 \text{ oder } x > 3 \,\} = (\,-\infty\,;-1\,) \cup (\,3\,;\infty\,).$$

Dies ist die gleiche Lösungsmenge wie in Beispiel 2.2, was kein Zufall ist: Da $f(x) = x^2 - 2x - 3$ die Nullstellen $x_1 = -1$ und $x_2 = 3$ besitzt, lässt es sich als

$$x^2 - 2x - 3 = (x - x_1) \cdot (x - x_2) = (x + 1) \cdot (x - 3)$$

faktorisieren (siehe Aufgabe 1.10 c)). Somit haben wir erneut die Ungleichung aus Beispiel 2.2 gelöst, nur eben in anderer Gestalt. Hier wäre es auch okay gewesen, auszumultiplizieren und die quadratische Ungleichung wie früher zu lösen. Absolut fatal wäre dies jedoch im nächsten

Beispiel 2.4   Wir lösen die Ungleichung

$$(x - 5) \cdot (x^2 + 1) < 0.$$

Damit dieses Produkt < 0 wird, müssen die beiden Faktoren $x - 5$ und $x^2 + 1$ verschiedene Vorzeichen besitzen, d.h. es sind zwei Fälle zu untersuchen:

<u>Fall 1</u>: $x - 5 > 0$ und $x^2 + 1 < 0$, d.h. $x > 5$ und $x^2 < -1$ ↯ ; nicht erfüllbar.

<u>Fall 2</u>: $x - 5 < 0$ und $x^2 + 1 > 0$, d.h. $x < 5$ und $x^2 > -1$ (immer wahr), also $x < 5$.

Somit lautet die Lösungsmenge

$$L = \{\, x \in \mathbb{R} \mid x < 5 \,\} = (\,-\infty\,;5\,).$$

Alternativ hätte man auch sagen können, dass stets $x^2 + 1 > 0$ gilt (da $x^2 \geqslant 0$ für alle $x \in \mathbb{R}$), also ist Teilen durch $x^2 + 1$ eine Äquivalenzumformung, bei der das Kleiner-Zeichen nicht umgedreht wird. So erhält man noch schneller

$$(x - 5) \cdot (x^2 + 1) < 0 \overset{:(x^2+1)>0}{\Longleftrightarrow} x - 5 < 0 \quad \Longleftrightarrow \quad x < 5.$$

Übrigens: Hätte man hier die Produktform ignoriert und stur ausmultipliziert, so wäre

$$x^3 - 5x^2 + x - 5 < 0$$

entstanden, was deutlich unangenehmer (bzw. ohne Polynomdivision gar nicht) zu lösen ist.

Beispiel 2.5   Auch beim Lösen der Ungleichung

$$\mathrm{e}^x \cdot (x - 2) \geqslant 0$$

erweist sich Teilen durch e^x als schnellster Lösungsweg. Da nämlich stets $\mathrm{e}^x > 0$ gilt, ist Division mit diesem Faktor eine Äquivalenzumformung, die das Ungleichheitszeichen erhält:

$$\mathrm{e}^x \cdot (x - 2) \geqslant 0 \overset{:\mathrm{e}^x>0}{\Longleftrightarrow} x - 2 \geqslant 0 \quad \Longleftrightarrow \quad x \geqslant 2.$$

Und schon steht sie da, die Lösungsmenge

$$L = \{\, x \in \mathbb{R} \mid x \geqslant 2 \,\} = [\,2\,;\infty\,).$$

A **2.3** Löse die folgenden Ungleichungen.

a) $e^{-x^2} \cdot (x^2 - 4) > 0$ b) $x \cdot (x - 4) \geqslant 0$ c) $(x^2 - 1) \cdot (x + 4) \leqslant 0$

Anhang: Termumformungen

Wenn deine Mathe-Lücken bis nach Klasse 7 zurückreichen, kann diese Zusammenstellung helfen, dich mit den Grundregeln im Umgang mit Termen anzufreunden.

(1) Beim Vereinfachen von Termen sind stets die Vorfahrtsregeln „*KlaPoPuStri*" (Klammer vor Potenz vor Punkt vor Strich) zu beachten.

(2) Denke bei Variablen wie x an „Kartoffeln" und bei reinen Zahlen an „Gurken". *Kartoffeln und Gurken kann man weder addieren noch subtrahieren.* So lässt sich z.B. $3x + 5$ nicht weiter zusammenfassen und ist auf gar keinen Fall $8x$ (3 Kartoffeln plus 5 Gurken ergeben sicherlich keine 8 Kartoffeln ...).
Ebensowenig kann man Quadratkartoffeln und Kartoffeln addieren oder subtrahieren: $x^2 + x$ lässt sich nicht zusammenfassen, vor allem nicht zu x^3.

(3) Steht zwischen Zahl und Variable kein Rechenzeichen, so ist hier stets ein Malpunkt gemeint; z.B. ist $3 - 5x = 3 - 5 \cdot x$ (d.h. dass die 5 wegen PuStri zum x gehört).

(4) Terme der Form $3x - 5 + y^2 + 3 + \frac{5}{3}x - 2y^2$ werden zunächst unter Verwendung des Kommutativgesetzes (KG) geordnet („Kartoffeln zu Kartoffeln, Gurken zu Gurken" etc.); anschließend fasst man gleichartige Ausdrücke zusammen:

$$3x - 5 + y^2 + 3 + \frac{5}{3}x - 2y^2 \overset{(\text{KG})}{=} 3x + \frac{5}{3}x + y^2 - 2y^2 - 5 + 3 = \frac{14}{3}x - y^2 - 2.$$

Beachte: Ein Minuszeichen gehört zu dem Ausdruck vor dem es steht und muss beim Umordnen immer mitgenommen werden.

(5) Multiplizieren: Ausdrücke der Form $3x^4 \cdot (-2x^2)$ werden vereinfacht, idem man „Zahl mal Zahl" und „Variable mal Variable" rechnet, d.h.

$$3x^4 \cdot (-2x^2) = 3 \cdot (-2) \cdot x^4 \cdot x^2 = -6x^6.$$

Gleichartige Potenzen werden multipliziert, indem man ihre Hochzahlen addiert:

$$x^4 \cdot x^2 = x^{4+2} = x^6.$$

Wer unsicher ist, schreibt sich die Potenzen aus: $x^4 \cdot x^2 = x \cdot x \cdot x \cdot x \cdot x \cdot x = x^6$.

(6) *Potenzen werden potenziert, indem man die Hochzahlen multipliziert*, z.B. ist

$$(y^4)^3 = y^{4 \cdot 3} = y^{12}$$

und nicht etwa $y^{3+4} = y^7$. Wer sich unsicher ist, schreibt die äußere Potenz aus und wendet (5) an: $(y^4)^3 = y^4 \cdot y^4 \cdot y^4 = y^{4+4+4} = y^{3 \cdot 4} = y^{12}$.

(7) *Distributivgesetz (DG)* bei Termen mit Klammern.

    a) *Ausmultiplizieren* („DG vorwärts"): Man verwandelt ein Produkt in eine Summe, indem man jeden Summanden in der Klammer mit dem Faktor außerhalb der Klammer multipliziert. Enthält dieser ein Minuszeichen, so ist dieses beim Ausmultiplizieren mitzunehmen, z.B.:

$$-2x \cdot (x^2 - 3x - 7) \stackrel{\text{(DG)}}{=} -2x \cdot x^2 - 2x \cdot (-3x) - 2x \cdot (-7) = -2x^3 + 6x^2 + 14x.$$

Vorsicht: Bei einem Term der Form $2x \cdot (4 \cdot 5x - 13)$ ist vor dem Anwenden des DG PuStri in der Klammer zu beachten:

$$2x \cdot (4 \cdot 5x - 13) = 2x \cdot (20x - 13) = 40x^2 - 26x.$$

Katastrophal falsch wäre es hingegen $2x \cdot (4 \cdot 5x - 13) = 2x \cdot 4 \cdot \boldsymbol{2x} \cdot 5x - \dots$ zu rechnen, weil ja zwischen 4 und $5x$ ein $\cdot$ und kein $+$ steht.

b) *Minusklammerregel* (Spezialfall von a), wenn der Faktor vor der Klammer -1 ist): Will man eine Klammer mit einem Minus davor auflösen, so lässt man die Klammer einfach weg und dreht dafür die Vorzeichen *aller* Summanden in der Klammer um:

$$-(x^2 - y + 3y^2) = -x^2 + y - 3y^2.$$

Vorsicht ist z.B. in folgendem Fall geboten: $-(3 + x \cdot (-2))$. Vereinfache *zuerst* das Innere der Klammer zu $3 + x \cdot (-2) = 3 - 2x$ und wende *dann* die Minusklammerregel an: $-(3 - 2x) = -3 + 2x$. Falsch wäre es, das Vorzeichen vor dem x *und* dem -2 umzudrehen, denn $-(x \cdot (-2)) \neq -x \cdot (+2)$.
Ebenso dreht man bei ineinander geschachtelten Klammern nicht kopflos alle Vorzeichen um, sondern löst die Klammern nacheinander auf:

$$-\big(-a - (b - c)\big) = -(-a - b + c) = a + b - c.$$

c) *Ausklammern* („DG rückwärts"): Man verwandelt eine Summe in ein Produkt, indem man Faktoren, die in jedem Summanden auftreten, „rauszieht" und um den Rest eine Klammer setzt:

$$9x^2y - 15xy^2 - 3y = \boldsymbol{3y} \cdot 3x^2 - \boldsymbol{3y} \cdot 5xy - \boldsymbol{3y} \cdot 1 = \boldsymbol{3y} \cdot (3x^2 - 5xy - 1).$$

d) *Mehrfaches DG:* Bei Ausdrücken der Form $(2x - 3) \cdot (-x^2 + 3x - 2)$ wird *jeder* Summand der einen Klammer mit *jedem* Summanden der anderen Klammer multipliziert (und evtl. vorhandene Minuse werden schön brav mitgeschleppt):

$$\begin{aligned}
(\boldsymbol{2x - 3}) \cdot (-x^2 + 3x - 2) &= \boldsymbol{2x} \cdot (-x^2) + \boldsymbol{2x} \cdot (3x) + \boldsymbol{2x} \cdot (-2) \\
&\quad \boldsymbol{-3} \cdot (-x^2) - \boldsymbol{3} \cdot 3x - \boldsymbol{3} \cdot (-2) \\
&= -2x^3 + 6x^2 - 4x + 3x^2 - 9x + 6 \\
&= -2x^3 + 9x^2 - 13x + 6.
\end{aligned}$$

(8) *Binomische Formeln* musst du vorwärts und rückwärts auswendig können:

$$(a+b)^2 = a^2 + 2ab + b^2 \; ; \qquad (a-b)^2 = a^2 - 2ab + b^2 \; ; \qquad (a+b) \cdot (a-b) = a^2 - b^2.$$

Wer $(a + b)^2 = a^2 + b^2$ rechnet, wird nicht zum Abitur zugelassen.

Lösungen der Übungsaufgaben

Lösungen zu Kapitel 1

L **1.1**   Du kannst wie gesagt die Äquivalenzpfeile auch weglassen und die Umformungen Zeile für Zeile untereinanderschreiben. Zeichnerische Lösung(en) selber anfertigen.

a) $0{,}5x + 2 = 0 \iff 0{,}5x = -2 \iff x = \frac{-2}{0{,}5} = -4$

b) $\frac{2}{3}x + \frac{1}{2} = -\frac{3}{4}x + 2 \iff \frac{2}{3}x + \frac{3}{4}x = 2 - \frac{1}{2} \iff \frac{17}{12}x = \frac{3}{2} \iff x = \frac{18}{17}$

c) $2 - x = 0{,}75x + 6 - (3 - 0{,}75x) = 1{,}5x + 3 \iff -2{,}5x = 1 \iff x = -\frac{2}{5}$

Beachte die Minusklammer-Regel: $-(3 - 0{,}75x) = -3 + 0{,}75x$.

L **1.2**   Zunächst alle x nach links bringen:

$$mx = 2x + 1 \iff mx - 2x = (m-2)x = 1.$$

Nun müsste man durch den Vorfaktor $m - 2$ teilen, aber das ist nur möglich, falls dieser $\neq 0$, also $m \neq 2$ gilt. In diesem Fall ist

$$x = \frac{1}{m-2}$$

die eindeutige Lösung der linearen Gleichung. Für $m = 2$ hingegen lautet die Gleichung $2x = 2x + 1$, was auf den Widerspruch $0 = 1$ führt, d.h. in diesem Fall besitzt die Gleichung keine Lösung. Insgesamt gilt also

$$L = \left\{ \frac{1}{m-2} \right\} \quad \text{für } m \neq 2 \qquad \text{und} \qquad L = \{\ \} \quad \text{für } m = 2.$$

Geometrische Interpretation: Es handelt sich um das Schnittproblem zweier Geraden. Für $m \neq 2$ sind die Geraden $y = mx$ und $y = 2x + 1$ nicht parallel und schneiden sich daher in genau einem Punkt (mit x-Koordinate $\frac{1}{m-2}$). Für $m = 2$ sind $y = 2x$ und $y = 2x + 1$ echt parallel (d.h. parallel, aber nicht identisch) und schneiden sich daher nicht.
(In Fall 1 ist auch $m = 0$ zulässig; $y = mx = 0$ ist dann die x-Achse.)

L **1.3**   Wieder erst alles mit x nach links und alles ohne x nach rechts bringen:

$$ax - b = cx + 2 \iff ax - cx = (a-c)x = 2 + b.$$

Teilen durch $a - c$ ist nur möglich für $a \neq c$; in diesem Fall ist die Gleichung eindeutig lösbar durch

$$x = \frac{2+b}{a-c}\,.$$

Für $a = c$ reduziert sich $ax - b = cx + 2$ auf $-b = 2$, so dass die Gleichung für $b = -2$ für alle $x \in \mathbb{R}$ erfüllt ist und für $b \neq -2$ für kein x. Insgesamt erhalten wir

○ $L = \{ \frac{2+b}{a-c} \}$ für $a \neq c$ (b beliebig);

○ $L = \mathbb{R}$ für $a = c$ und $b = -2$ (die Geraden $y = ax - b$ und $y = cx + 2$ sind identisch);

○ $L = \{\ \}$ für $a = c$ und $b \neq -2$ (die Geraden $y = ax - b$ und $y = cx + 2$ sind echt parallel).

(Beachte, dass auch $a = c = 0$ zulässig ist. Die zugehörigen Geraden sind dann zwar parallel zur x-Achse, aber das stört ja nicht.)

L 1.4

a) $\frac{1}{25}x^2 - \frac{2}{5}x = 0 \iff \frac{1}{25}x \cdot (x - 10) = 0 \overset{\text{NPS}}{\iff} \frac{1}{25}x = 0 \lor x - 10 = 0$,

also ist $x_1 = 0$ und $x_2 = 10$. (Beachte im ersten Schritt: $\frac{x}{25}$ ausklammern bedeutet, alles in der Klammer mal $\frac{25}{x}$ zu nehmen. Das $\lor$-Zeichen am Ende ist die Abkürzung für „oder". Da die Lösungen am Ende mit x_1 und x_2 verschieden bezeichnet werden, kann man „$x_1 = 0$ und $x_2 = 10$" oder „$x_1 = 0$ oder $x_2 = 10$" schreiben; höchste Zeit, diese Klammer zu schließen . . .)

b) Es ist $b = -1$ und $c = -20$. Nach Vieta sind also $x_1 = -4$ und $x_2 = 5$ Lösungen der Gleichung, da sie $x_1 + x_2 = 1 = -b$ und $x_1 \cdot x_2 = -20 = c$ erfüllen.

c) Hier ist $b = 2$ und $c = \frac{3}{4}$. Nach etwas Nachdenken kommt man mit Vieta (vielleicht) auf $x_1 = -\frac{1}{2}$ und $x_2 = -\frac{3}{2}$. Check: $x_1 + x_2 = -2 = -b$ und $x_1 \cdot x_2 = \frac{3}{4} = c$. ✓

L 1.5

a) Erst auf Standardform bringen: $2{,}4x^2 - 7x + 5 = 0$, dann MNF anwenden:

$$x_{1,2} = \frac{-(-7) \pm \sqrt{(-7)^2 - 4 \cdot 2{,}4 \cdot 5}}{2 \cdot 2{,}4} = \frac{7 \pm \sqrt{1}}{\frac{24}{5}} = \begin{cases} \frac{5}{3} \\ \frac{5}{4} . \end{cases}$$

b) (Auf keinen Fall darf man hier den NPS anwenden, da rechts eine 9 und keine 0 steht.) Ausmultiplizieren der linken Seite und die 9 nach links bringen ergibt $2x^2 + x - 15 = 0$, und mit der MNF folgt $x_1 = \frac{5}{2}$ und $x_2 = -3$.

c) Direktes Anwenden der MNF liefert (unter Beachtung von $\sqrt{12} = \sqrt{4 \cdot 3} = 2 \cdot \sqrt{3}$)

$$x_{1,2} = \frac{-(-\sqrt{3}) \pm \sqrt{(-\sqrt{3})^2 - 4 \cdot 3 \cdot (-\frac{3}{4})}}{2 \cdot 3} = \frac{\sqrt{3} \pm \sqrt{12}}{6} = \frac{\sqrt{3} \pm 2\sqrt{3}}{6} = \begin{cases} \frac{\sqrt{3}}{2} \\ \frac{-\sqrt{3}}{6} . \end{cases}$$

L 1.6 Der Ansatz $f(x) = g(x)$ führt auf (rechne zunächst $\cdot (-2)$, um die Brüche zu beseitigen):

$$-\frac{1}{2}(x+2)^2 - 2 = -3x - \frac{7}{2} \iff (x+2)^2 + 4 = 6x + 7 \iff x^2 + 4x + 8 = 6x + 7,$$

also letztendlich $x^2 - 2x + 1 = 0$. Erkennt man die linke Seite als Binom, nämlich $(x-1)^2 = 0$, erhält man ganz ohne MNF oder Vieta sofort $x_1 = x_2 = 1$ als Doppellösung. Parabel und Gerade berühren sich also im Punkt $B\,(1\,|-\frac{13}{2})$. (Der y-Wert ist $f(1)$ bzw. $g(1)$.)

L 1.7 Zuerst ein gemeiner Spezialfall: Für $k = 0$ geht die Gleichung über in die lineare Gleichung $12x = 0$, die wie gewünscht genau eine Lösung, nämlich $x = 0$, besitzt. Für $k \neq 0$ liegt eine quadratische Gleichung vor und die MNF lautet

$$x_{1,2} = \frac{-12 \pm \sqrt{12^2 - 4 \cdot \frac{4}{5}k \cdot 5k}}{2 \cdot \frac{4}{5}k} = \frac{-12 \pm \sqrt{144 - 16k^2}}{\frac{8}{5}k}.$$

Damit es hier nur eine Lösung gibt, muss die Diskriminante verschwinden, d.h.

$$D_k = 144 - 16k^2 = 0 \iff k^2 = \frac{144}{16} = 9 \iff k = \pm 3.$$

Die Lösungen in den Fällen $k = \pm 3$ sind

$$\frac{-12 \pm \sqrt{0}}{\frac{8}{5} \cdot (\pm 3)} = \mp \frac{12 \cdot 5}{8 \cdot 3} = \mp \frac{5}{2} \,.$$

A: Für die Parameterwerte $k_1 = 0$, $k_2 = 3$ und $k_3 = -3$ besitzt die Gleichung jeweils genau eine Lösung, nämlich $x_{k_1} = 0$, $x_{k_2} = -\frac{5}{2}$ und $x_{k_3} = \frac{5}{2}$.

$\boxed{\text{L}}$ **1.8**   Die Diskriminante dieser quadratischen Gleichung ist

$$D_t = b^2 - 4ac = 4 - 4 \cdot \frac{t}{4} = 4 - t.$$

Damit es keine Lösung gibt, muss $D_t = 4 - t < 0$ gelten, was für alle $t \in \mathbb{R}$ mit $t > 4$ erfüllt ist. Für $t \in (\,4\,;\infty\,)$ ist somit die Lösungsmenge der Gleichung leer.

Zur geometrischen Veranschaulichung schreiben wir die Gleichung um zu

$$x^2 = 2x - \frac{t}{4},$$

so dass es sich um das Schnittproblem der Normalparabel $K_f \colon y = x^2$ mit der Geraden $G_t \colon y = 2x - \frac{t}{4}$ handelt. In Abbildung L.1 erkennt man: Für $t = 4$ gibt es einen Berührpunkt zwischen Parabel und Gerade, d.h. G_4 ist Tangente an K_f, für $t < 4$ gibt es zwei Schnittpunkte und für $t > 4$ ist G_t so weit nach unten verschoben, dass es keine Schnittpunkte mehr gibt, d.h. unsere Gleichung besitzt keine Lösungen.

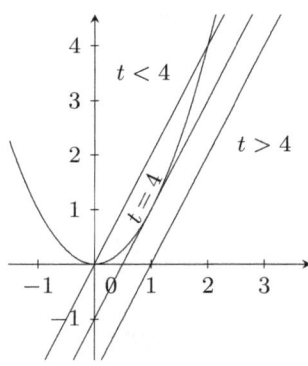

Abbildung L.1

$\boxed{\text{L}}$ **1.9**   Mit n bezeichnen wir die Anzahl der Schüler, die ursprünglich mit wollten, und mit p den ursprünglichen Fahrpreis pro Schüler. Laut Aufgabe gilt dann

$$n \cdot p = 575 \quad (1) \qquad \text{und} \qquad (n - 3) \cdot (p + 3{,}75) = 575 \quad (2).$$

Wir schmeißen p raus, indem wir $p = \frac{575}{n}$ aus (1) in (2) einsetzen:

$$(n - 3) \cdot \left(\frac{575}{n} + 3{,}75 \right) = 575.$$

Ausmultiplizieren der linken Seite:

$$n \cdot \frac{575}{n} + 3{,}75n - \frac{1725}{n} - 11{,}25 = 575 \quad \Longleftrightarrow \quad 3{,}75n - \frac{1725}{n} - 11{,}25 = 0.$$

Multiplizieren mit n und umsortieren ergibt $3{,}75n^2 - 11{,}25n - 1725 = 0$, was man mit der MNF löst:

$$n_{1,2} = \frac{11{,}25 \pm \sqrt{(-11{,}25)^2 - 4 \cdot 3{,}75 \cdot (-1725)}}{2 \cdot 3{,}75} = \frac{11{,}25 \pm 161{,}25}{7{,}5} = \begin{cases} 23 \\ -20. \end{cases}$$

Sinnvoll ist natürlich nur die positive Lösung. Probe: Fahrpreis pro Schüler wäre dann $\frac{575}{23} = 25$ (Euro) und $(23 - 3) \cdot (25 + 3{,}75) = 20 \cdot 28{,}75$ ergibt tatsächlich wieder 575. ✓
A: Es wollten ursprünglich 23 Schüler mit auf die Studienfahrt.

L **1.10**   Zum Satz von VIETA.

a) Seien x_1 und x_2 zwei Zahlen, welche die Beziehungen

$$x_1 + x_2 = -b \quad (1) \qquad \text{und} \qquad x_1 \cdot x_2 = c \quad (2)$$

erfüllen. Aus (1) folgt $x_2 = -b - x_1$ und eingesetzt in (2) ergibt dies

$$x_1 \cdot (-b - x_1) = c \quad \Longleftrightarrow \quad -bx_1 - x_1^2 = c \quad \Longleftrightarrow \quad x_1^2 + bx_1 + c = 0.$$

Die letzte Gleichung besagt, dass x_1 eine Lösung der quadratischen Gleichung $x^2 + bx + c = 0$ ist. Analog zeigt man $x_2^2 + bx_2 + c = 0$. Somit ist bewiesen, dass x_1 und x_2 Lösungen der Gleichung $x^2 + bx + c = 0$ sind, wenn sie die beiden Vieta-Bedingungen erfüllen.   □

b) Umkehrung des Satzes von Vieta: Wenn x_1 und x_2 Lösungen der quadratischen Gleichung $x^2 + bx + c = 0$ sind, dann erfüllen sie die Vieta-Bedingungen (1) und (2).
Beweis: Sind x_1 und x_2 Lösungen dieser quadratischen Gleichung, dann gilt laut MNF

$$x_{1,2} = \frac{-b \pm \sqrt{D}}{2},$$

wobei wir zur Abkürzung $D = b^2 - 4c$ gesetzt haben. Es folgt

$$x_1 + x_2 = \frac{-b + \sqrt{D}}{2} + \frac{-b - \sqrt{D}}{2} = \frac{-b + \sqrt{D} - b - \sqrt{D}}{2} = \frac{-2b}{2} = -b.$$

Somit ist (1) erfüllt. (2) folgt unter Beachtung der dritten binomischen Formel:

$$x_1 \cdot x_2 = \frac{-b + \sqrt{D}}{2} \cdot \frac{-b - \sqrt{D}}{2} = \frac{(-b)^2 - \sqrt{D}^2}{4} = \frac{b^2 - (b^2 - 4c)}{4} = \frac{4c}{4} = c. \quad \square$$

c) Es seien x_1 und x_2 die Nullstellen von $f(x) = ax^2 + bx + c$ (mit $a \neq 0$), d.h. es gelte

$$a(x_{1,2})^2 + bx_{1,2} + c = 0 \quad \overset{:a\neq0}{\Longleftrightarrow} \quad (x_{1,2})^2 + \frac{b}{a}x_{1,2} + \frac{c}{a} = 0.$$

Laut Vieta-Kehrsatz b), angewendet auf die zweite Gleichung, erfüllen x_1 und x_2 dann

$$x_1 + x_2 = -\frac{b}{a} \quad (1) \qquad \text{und} \qquad x_1 \cdot x_2 = \frac{c}{a} \quad (2).$$

Damit folgt

$$a(x-x_1)(x-x_2) = a\big(x^2 - (x_1+x_2)x + x_1 \cdot x_2\big) = a\left(x^2 + \frac{b}{a}x + \frac{c}{a}\right) = ax^2 + bx + c = f(x),$$

was zu zeigen war.   □

L **1.11**   Die Gleichung

$$(x - (-2)) \cdot (x - 6) = 0$$

besitzt offenbar die Lösungen $x_1 = -2$ und $x_2 = 6$, da jeweils eine der Klammern 0 wird, wenn man x_1 oder x_2 einsetzt. Ausmultiplizieren liefert die gesuchte quadratische Gleichung in Standardform:

$$(x + 2) \cdot (x - 6) = x^2 - 6x + 2x - 12 = x^2 - 4x - 12 = 0.$$

Wenn man Vieta verstanden hat, schreibt man natürlich sofort

$$x^2 - (x_1 + x_2)x + x_1 \cdot x_2 = 0$$

hin, also ebenfalls $x^2 - 4x - 12 = 0$.

L **1.12**   Anwenden kannst du die Formel hoffentlich selbst; wenn sie dir besser gefällt als die MNF, darfst du sie in Zukunft natürlich auch stattdessen anwenden.
Zur Äquivalenz von pq-Formel und abc-MNF müssen wir zeigen, dass aus der einen Formel jeweils die andere folgt. Zunächst setzen wir die Gültigkeit der pq-Formel voraus und lösen damit die Gleichung $ax^2 + bx + c = 0$ mit $a \neq 0$. Teilen durch a ergibt $x^2 + \frac{b}{a}x + \frac{c}{a} = 0$, d.h. es ist $p = \frac{b}{a}$ und $q = \frac{c}{a}$ und mit der pq-Formel folgt

$$x_{1,2} = -\frac{p}{2} \pm \sqrt{\left(\frac{p}{2}\right)^2 - q} = -\frac{b}{2a} \pm \sqrt{\left(\frac{b}{2a}\right)^2 - \frac{c}{a}} = -\frac{b}{2a} \pm \sqrt{\frac{b^2}{4a^2} - \frac{4ac}{4a^2}}$$

$$= -\frac{b}{2a} \pm \sqrt{\frac{b^2 - 4ac}{4a^2}} = -\frac{b}{2a} \pm \frac{\sqrt{b^2 - 4ac}}{\sqrt{4a^2}} = -\frac{b}{2a} \pm \frac{\sqrt{b^2 - 4ac}}{2|a|}.$$

Beim zweiten Bruch darf man ohne Fallunterscheidung $|a| = a$ setzen, da vor dem Bruch bereits ein $\pm$ steht, welches im Fall $|a| = -a$ einfach zu $\mp$ wird, was am Gesamtergebnis nichts ändert. Schreibt man nun alles auf einen Bruchstrich, steht die gute alte MNF da. Umgekehrt folgt für die Lösungen von $x^2 + px + q = 0$, wenn wir die abc-MNF mit $a = 1$, $b = p$ und $c = q$ anwenden:

$$x_{1,2} = \frac{-p \pm \sqrt{p^2 - 4q}}{2} = -\frac{p}{2} \pm \frac{\sqrt{p^2 - 4q}}{2} = -\frac{p}{2} \pm \sqrt{\frac{p^2 - 4q}{4}} = -\frac{p}{2} \pm \sqrt{\frac{p^2}{4} - \frac{4q}{4}}$$

$$= -\frac{p}{2} \pm \sqrt{\left(\frac{p}{2}\right)^2 - q}\,. \qquad \Box$$

L **1.13**

a) $338x^3 = 2x \iff 338x^3 - 2x = 0 \iff 2x(169x^2 - 1) = 0 \iff 2x = 0 \lor 169x^2 - 1 = 0$;
   es folgt $x_1 = 0$ und $x_{2,3} = \pm\frac{1}{\sqrt{169}} = \pm\frac{1}{13}$, also ist $L = \{-\frac{1}{13}, 0, \frac{1}{13}\}$.

b) $x^6 - 8x^3 = 0 \iff x^3(x^3 - 8) = 0 \iff x^3 = 0 \lor x^3 - 8 = 0$,   also $L = \{0, 2\}$.

c) $x^6 - 8x^3 + 12 = 0$ geht mit der Substitution $x^3 = u$ über in $u^2 - 8u + 12 = 0$, was nach Vieta die Lösungen $u_1 = 2$ und $u_2 = 6$ besitzt. Rücksubstitution $u = x^3$ ergibt $x_1 = \sqrt[3]{2}$ und $x_2 = \sqrt[3]{6}$, so dass $L = \{\sqrt[3]{2}, \sqrt[3]{6}\}$ ist.

d) Binom ausführen und zusammenfassen führt auf $x^4 - 5x^2 + 16 = 0$ bzw. $u^2 - 5u + 16 = 0$ (mit $x^2 = u$), was keine reellen Lösungen besitzt, da $D = 25 - 4 \cdot 16 < 0$ ist. Daran ändert auch die Rücksubstitution nichts, also ist $L = \{\ \}$.

e) Beachten der dritten binomischen Formel liefert

$$x^2(x^2-4)(x^2+4) = -4x^4 \quad \Longleftrightarrow \quad x^2(x^4-16)+4x^4 = 0 \quad \Longleftrightarrow \quad x^2(x^4+4x^2-16) = 0.$$

Mit dem NPS folgt $x^2 = 0$, also $x_1 = 0$, oder $x^4 + 4x^2 - 16 = 0$, was mit $x^2 = u$ übergeht in $u^2 + 4u - 16 = 0$. MNF liefert

$$u_{1,2} = \frac{-4 \pm \sqrt{16 + 4 \cdot 16}}{2} = \frac{-4 \pm 4\sqrt{5}}{2} = \begin{cases} -2 + 2\sqrt{5} = 2(\sqrt{5} - 1) \\ -2 - 2\sqrt{5} = -2(\sqrt{5} + 1). \end{cases}$$

Rücksubstitution $u_1 = x^2$ ergibt $x_{2,3} = \pm\sqrt{2(\sqrt{5} - 1)}$, während $u_2 = x^2$ aufgrund von $u_2 < 0$ keine reelle Lösung besitzt. Insgesamt ist $L = \left\{ 0, \pm \sqrt{2(\sqrt{5} - 1)} \right\}$.

L **1.14**

a) $L = \{ \pm\sqrt[4]{16} \} = \{ \pm 2 \}$.

b) $2x^4 + 16 = 0 \iff x^4 = -\frac{16}{2} = -8 \, \lightning$, da $x^4 \geqslant 0$ für alle $x \in \mathbb{R}$; also $L = \{ \ \}$.

c) $81x^3 + 3 = 0 \iff x^3 = -\frac{3}{81} = -\frac{1}{27} \iff x = -\sqrt[3]{\frac{1}{27}} = -\frac{1}{3}$; $L = \{ -\frac{1}{3} \}$.

d) $100x^6 = 10^{-10} \iff x^6 = \frac{10^{-10}}{10^2} = 10^{-12} \iff x = \pm\sqrt[6]{10^{-12}} = \pm 10^{-\frac{12}{6}} = \pm 10^{-2}$; also ist $L = \{ \pm\frac{1}{100} \}$, was leider nicht mehr ganz in eine Zeile gepasst hat.

e) $x^5 - 36 = 28 - x^5 \iff 2x^5 = 64 \iff x^5 = 32 \iff x = \sqrt[5]{2^5} = 2$; $L = \{ 2 \}$.

f) Am einfachsten schreibt man $L = \{ \pm\sqrt[4]{a^2} \}$, was aufgrund von $a^2 \geqslant 0$ für alle $a \in \mathbb{R}$ möglich ist. Will man jedoch die Wurzel vereinfachen, muss man **aufpassen:** $\sqrt[4]{a^2} = a^{\frac{2}{4}}$ ist nur für $a \geqslant 0$ erlaubt (siehe Seite 15), weshalb (zunächst) eine Fallunterscheidung nötig ist.

   $a \geqslant 0$: Hier ist $\sqrt[4]{a^2} = a^{\frac{2}{4}} = a^{\frac{1}{2}} = \sqrt{a}$ zulässig.

   $a < 0$: Schreibt man hier a^2 als $|a|^2$ (was für jedes a stimmt, da das Quadrat evtl. auftretenden Vorzeichen beseitigt), dann darf man aufgrund von $|a| \geqslant 0$ ebenfalls wieder zu gebrochenen Exponenten übergehen und erhält

$$\sqrt[4]{a^2} = \sqrt[4]{|a|^2} = |a|^{\frac{2}{4}} = |a|^{\frac{1}{2}} = \sqrt{|a|}.$$

Da im ersten Fall $a = |a|$ gilt, lässt sich die Lösungsmenge insgesamt als $L = \{ \pm\sqrt{|a|} \}$ für beliebiges $a \in \mathbb{R}$ schreiben.

L **1.15**   „Isolieren, Quadrieren, Probieren"

a) $x + \sqrt{x} = 2 \iff \sqrt{x} = 2 - x \implies x = (2 - x)^2 = 4 - 4x + x^2 \iff x^2 - 5x + 4 = 0$

Nach Vieta sind $x_1 = 1$ und $x_2 = 4$ Lösungen der letzten Gleichung, nicht aber unbedingt der Ausgangsgleichung, da Quadrieren hier keine Äquivalenzumformung ist ($2 - x < 0$ möglich).

   Probe mit $x_1 = 1$: $1 + \sqrt{1} = 2$ ✓.

   Probe mit $x_2 = 4$: $4 + \sqrt{4} = 6 \neq 2$, d.h. x_2 war nur eine Scheinlösung.

Somit ist $L = \{\,1\,\}$.

Alternativ: Substitution $\sqrt{x} = u$, also $x = u^2$, ergibt $u^2 + u = 2$ bzw. $u^2 + u - 2 = 0$, d.h. eine quadratische Gleichung für u, deren Lösungen nach Vieta (oder MNF) $u_1 = -2$ und $u_2 = 1$ sind. Rücksubstitution $u = \sqrt{x}$: $\sqrt{x_1} = -2$ $\nleftarrow$, da $\sqrt{x} \geqslant 0$ nach Definition der Wurzel gelten muss. Im zweiten Fall folgt $\sqrt{x_2} = 1$, d.h. $x_2 = 1^2 = 1$, also wieder $L = \{\,1\,\}$.

b) $2x = \sqrt{2x-1} + 13 \iff 2x - 13 = \sqrt{2x-1} \implies (2x-13)^2 = 2x - 1$

Binom ausführen und zusammenfassen ergibt

$$4x^2 - 54x + 170 = 0 \iff 2x^2 - 27x + 85 = 0 \iff x_1 = 8{,}5 \lor x_2 = 5 \quad \text{(MNF)}.$$

$$\text{Probe mit } x_1 = 8{,}5: \quad \sqrt{17-1} + 13 = 17 = 2x_1 \quad \checkmark.$$

$$\text{Probe mit } x_2 = 5: \quad \sqrt{10-1} + 13 = 16 \neq 2x_2, \text{ d.h. } x_2 \text{ war nur eine Scheinlösung.}$$

Insgesamt ist $L = \{\,8{,}5\,\}$.

Alternativ: Die Substitution ist hier nicht offensichtlich, aber wenn man $\sqrt{2x-1} = u$ setzt, dann gilt $u^2 = 2x - 1$, also $x = \frac{u^2+1}{2}$. Beides in die Ausgangsgleichung eingesetzt ergibt

$$2 \cdot \frac{u^2 + 1}{2} = u + 13 \iff u^2 - u - 12 = 0 \iff u_1 = -3 \lor u_2 = 4 \quad \text{(Vieta)}.$$

Rücksubstitution: $\sqrt{2x_1 - 1} = -3$ $\nleftarrow$ zur Definition der Wurzel; $\sqrt{2x_2 - 1} = 4$ liefert $2x_2 - 1 = 16$, also $x_2 = \frac{17}{2} = 8{,}5$.

$\boxed{\text{L}}$ **1.16** Für einen Punkt $P_x\,(\,x\,|\,0\,)$ auf der positiven x-Achse (also mit $x > 0$) gilt

$$d_{P_x Q} - d_{P_x O} = \sqrt{(0-x)^2 + (4-0)^2} - \sqrt{x^2 + 0^2} = \sqrt{x^2 + 16} - x$$

(beachte $\sqrt{x^2} = |x| = x$, da $x > 0$). Dies soll eine natürliche Zahl $n \in \mathbb{N}$ ergeben:

$$\sqrt{x^2 + 16} - x = n \iff \sqrt{x^2 + 16} = x + n \iff x^2 + 16 = (x+n)^2$$

(beachte: Quadrieren ist hier eine Äquivalenzumformung, da $x + n > 0$). Binom ausführen und zusammenfassen ergibt

$$x^2 + 16 = x^2 + 2xn + n^2 \iff x = \frac{16 - n^2}{2n}.$$

Da nach Voraussetzung $x > 0$ sein muss, muss $16 - n^2 > 0$, also $n < 4$ sein. Somit gibt es drei Punkte auf der positiven x-Achse, welche die Bedingung aus der Aufgabe erfüllen, mit x-Koordinate

$$x_1 = \frac{16 - 1^2}{2} = 7{,}5; \qquad x_2 = \frac{16 - 2^2}{4} = 3; \qquad x_3 = \frac{16 - 3^2}{6} = \frac{7}{6}.$$

$\boxed{\text{L}}$ **1.17** Damit $|\heartsuit| = 3$ wird, muss $\heartsuit = \pm 3$ sein (hier mit $\heartsuit = 2 - 4x$). Also setzen wir $2 - 4x = 3$ oder $2 - 4x = -3$, was auf $x_1 = -\frac{1}{4}$ und $x_2 = \frac{5}{4}$ führt.

$\boxed{\text{L}}$ **1.18**

a) Hier empfiehlt sich eine Fallunterscheidung (siehe Anmerkung). Es ist $\frac{2}{3}x - 1 \geqslant 0$ für $x \geqslant \frac{3}{2}$, d.h.

$$\left| \tfrac{2}{3}x - 1 \right| = \begin{cases} \tfrac{2}{3}x - 1 & \text{falls } x \geqslant \tfrac{3}{2}, \\ -\tfrac{2}{3}x + 1 & \text{falls } x < \tfrac{3}{2}. \end{cases}$$

Somit erhalten wir die folgenden beiden Fälle:

<u>Fall 1</u>: Für $x \geqslant \frac{3}{2}$ folgt

$$\tfrac{2}{3}x - 1 = x,$$

was auf $-\frac{1}{3}x = 1$ bzw. $x_1 = -3$ führt. Dies liegt aber nicht im Definitionsbereich von Fall 1 ($x \geqslant \frac{3}{2}$), so dass es keine Lösung der Betragsgleichung ist.

<u>Fall 2</u>: Für $x < \frac{3}{2}$ erhalten wir

$$-\tfrac{2}{3}x + 1 = x,$$

d.h. $-\frac{5}{3}x = -1$ bzw. $x_2 = \frac{3}{5}$. Diesmal ist $x_2 < \frac{3}{2}$ erfüllt, also gehört x_2 zu Fall 2 und wir haben die einzige Lösung der Betragsgleichung gefunden.

Anmerkung: Geht man hier wie in Lösung 1.17 vor, muss man gut aufpassen: Man setzt $\heartsuit = \frac{2}{3}x - 1 = \pm x$, was $x_1 = -3$ und $x_2 = \frac{3}{5}$ ergibt. Nun muss man erkennen, dass im ersten Fall $|\heartsuit| = x_1 = -3$ wäre, was unmöglich ist, da ein Betrag nie negativ sein kann. Somit scheidet x_1 als Lösung aus.

Der tiefere Grund für diese Problematik ist folgender: Schreibt man $|\heartsuit|$ als $\sqrt{\heartsuit^2}$, so muss zur Lösung der Gleichung quadriert werden (was somit dem Auflösen des Betrags entspricht), was eben keine Äquivalenzumformung ist, wenn die andere Seite der Gleichung negativ ist.

Bei der zeichnerischen Lösung hat man dieses Probleme nicht. Man erkennt in Abbildung L.2 (links) auf einen Blick, dass es nur eine Lösung bei $x = 0{,}6$ gibt. (Für $x = -3$ haben die beiden Geraden denselben $|y|$-Wert, aber mit unterschiedlichem Vorzeichen, weshalb -3 keine Lösung der Gleichung ist.)

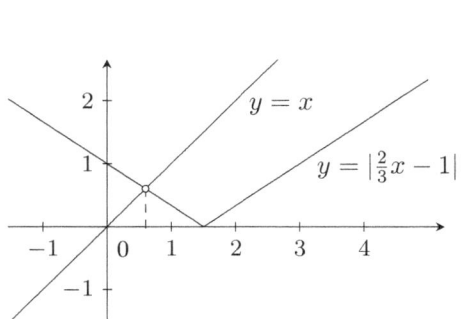
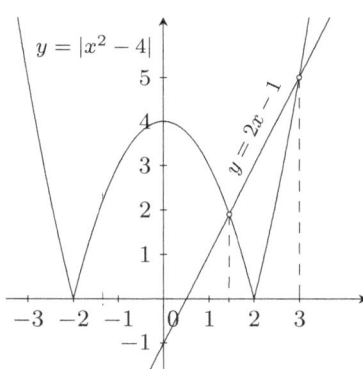

Abbildung L.2

b) Wir lösen erst wieder den Betrag mittels einer Fallunterscheidung auf: $x^2 - 4 \geqslant 0$ ist erfüllt für $x \geqslant 2$, aber auch für $x \leqslant -2$; andernfalls ist $x^2 - 4 < 0$, d.h.

$$\left| x^2 - 4 \right| = \begin{cases} x^2 - 4 & \text{falls } x \leqslant -2 \text{ oder } x \geqslant 2, \\ -x^2 + 4 & \text{falls } -2 < x < 2. \end{cases}$$

Damit gibt es wieder zwei Fälle:

<u>Fall 1</u>: Für $x \leqslant -2$ oder $x \geqslant 2$ lautet die Gleichung

$$x^2 - 4 = 2x - 1,$$

bzw. $x^2 - 2x - 3 = 0$, was nach Vieta die Lösungen $x_1 = -1$ und $x_2 = 3$ besitzt. Davon liegt nur x_2 im Definitionsbereich von Fall 1.

<u>Fall 2</u>: Für $-2 < x < 2$ erhalten wir

$$-x^2 + 4 = 2x - 1,$$

bzw. $x^2 + 2x - 5 = 0$, was laut MNF die Lösungen $x_{3,4} = -1 \pm \sqrt{6}$ besitzt (nachrechnen!). Von diesen beiden liegt nur $x_3 = -1 + \sqrt{6} \approx 1{,}45$ im Definitionsbereich von Fall 2.

Insgesamt erhalten wir als Lösungsmenge $L = \{ -1 + \sqrt{6}, 3 \}$.

Grafische Lösung: Man zeichnet zunächst die Parabel $y = x^2 - 4$ und klappt dann den negativen Teil nach oben. Die Schnittpunkte mit der Geraden $y = 2x - 1$ bzw. deren x-Koordinaten lassen sich dann in Abbildung L.2 (rechts) ablesen.

$\boxed{\text{L}}$ 1.19

a) Mit Hilfe der hesseschen Normalenform

$$E^{\text{HF}}: \quad \frac{2x_1 - x_2 + 2x_3 - 1}{3} = 0$$

berechnet man den Abstand von P_a zu E:

$$d(P_a, E) = \left| \frac{2 \cdot 4 - a + 2 \cdot 2 - 1}{3} \right| = \left| \frac{11 - a}{3} \right| \overset{!}{=} 3 \quad \Longleftrightarrow \quad |11 - a| = 9.$$

(Im letzten Schritt ging $\left| \frac{11-a}{3} \right| = \frac{|11-a|}{|3|} = \frac{|11-a|}{3}$ ein.) Die letzte Betragsgleichung lässt sich wieder so simpel wie in Lösung 1.17 behandeln, da rechts nur eine Zahl steht: $11 - a = \pm 9$ ergibt $a_1 = 2$ und $a_2 = 20$. Somit lauten die gesuchten Punkte $P_2 \, (4 \,|\, 2 \,|\, 2)$ und $P_{20} \, (4 \,|\, 20 \,|\, 2)$.

b) Wieder wird der Abstand über die Hesse-Form berechnet:

$$E_a^{\text{HF}}: \quad \frac{2x_1 - ax_2}{\sqrt{4 + a^2}} = 0,$$

also ist

$$d(P, E_a) = \left| \frac{2 \cdot 1 - a}{\sqrt{4 + a^2}} \right| \overset{!}{=} 0{,}2 \quad \Longleftrightarrow \quad |2 - a| = 0{,}2 \sqrt{4 + a^2}.$$

Am Ende wurde verwendet, dass man die Wurzel, die stets $\geqslant 0$ ist, aus dem Betrag auf die andere Seite multiplizieren darf:

$$\left| \frac{2 - a}{\sqrt{4 + a^2}} \right| = \frac{|2 - a|}{|\sqrt{4 + a^2}|} = \frac{|2 - a|}{\sqrt{4 + a^2}}.$$

Um die entstehende Gleichung zu lösen, quadriert man sie am besten gleich. Dies ist hier eine Äquivalenzumformung, da beide Seiten $\geqslant 0$ sind (Definition von Betrag und Wurzel). Da stets $|\heartsuit|^2 = \heartsuit^2$ gilt (klar?), folgt

$$(2-a)^2 = \frac{4}{100}(4+a^2) \quad \Longleftrightarrow \quad 25 \cdot (4 - 4a + a^2) = 4 + a^2 \quad \Longleftrightarrow \quad 24a^2 - 100a + 96 = 0.$$

Nach Teilen durch 4 erhält man $6a^2 - 25a + 24 = 0$, was laut MNF die Lösungen $a_1 = \frac{3}{2}$ und $a_2 = \frac{8}{3}$ hat. Somit gibt es zwei Ebenen der Schar, die den Abstand 1 zum Punkt P besitzen, nämlich $E_{\frac{3}{2}}$ und $E_{\frac{8}{3}}$.

L 1.20

a) Beidseitiges Kehrbruchbilden liefert $x^4 = \frac{81}{16}$, also $x = \pm\frac{3}{2}$.

b) Kreuzweises Multiplizieren ergibt (auf $D = \mathbb{R}\setminus\{5\}$)

$$9 \cdot 2x = -2 \cdot (x-5) \quad \Longleftrightarrow \quad 18x = -2x + 10 \quad \Longleftrightarrow \quad 20x = 10 \quad \Longleftrightarrow \quad x = \frac{1}{2}.$$

c) Multiplikation mit x^2 (für $x \neq 0$) liefert aufgrund von $x^2 \cdot (\frac{3}{x^2} - \frac{2}{x}) = \frac{3x^2}{x^2} - \frac{2x^2}{x} = 3 - 2x$

$$3 - 2x = 5x^2 \quad \Longleftrightarrow \quad 5x^2 + 2x - 3 = 0 \quad \Longleftrightarrow \quad x_1 = -1 \text{ und } x_2 = \frac{3}{5} \quad \text{(MNF)}.$$

d) Durch Multiplikation mit $x - 2$ (für $x \neq 2$) erhält man

$$(2x-5)(x-2) = 1 \quad \Longleftrightarrow \quad 2x^2 - 9x + 9 = 0 \quad \Longleftrightarrow \quad x_1 = \frac{3}{2} \text{ und } x_2 = 3 \quad \text{(MNF)}.$$

e) Da $x^2 - 1 = (x+1) \cdot (x-1)$ gilt, ist $x^2 - 1$ der Hauptnenner. Multiplikation mit diesem ergibt auf $D = \mathbb{R}\setminus\{\pm 1\}$ unter Beachtung von $\frac{x^2-1}{x-1} = \frac{(x+1)\cdot(x-1)}{x-1} = x + 1$

$$x(x+1) = x^2 + x \quad \Longleftrightarrow \quad x^2 + x = x^2 + x \quad \Longleftrightarrow \quad 0 = 0.$$

Da die letzte Gleichung für alle x erfüllt ist, ist die Lösungsmenge $L = D = \mathbb{R}\setminus\{\pm 1\}$. ($0 = 0$ ist natürlich auch für $x = \pm 1$ erfüllt, aber da diese x nicht zur Definitionsmenge der ursprünglichen Bruchgleichung gehören, können sie keine Lösungen sein.)

f) Multipliziert man unbedacht mit $(x+3)(x-3)(9-x^2)$ entsteht eine Gleichung vierten Grades, die man mit unseren Mitteln nicht mehr lösen kann. Beachtet man hingegen die dritte binomische Formel,

$$(x+3)(x-3) = x^2 - 9 = -(9 - x^2),$$

erkennt man $x^2 - 9$ (oder $9 - x^2$) als Hauptnenner. Multiplikation mit $x^2 - 9$ ergibt auf $D = \mathbb{R}\setminus\{\pm 3\}$ unter Beachtung von $\frac{x^2-9}{x\pm 3} = \frac{(x+3)\cdot(x-3)}{x\pm 3} = x \mp 3$

$$2(x-3) - (x+3) = -5 \quad \Longleftrightarrow \quad x - 9 = -5 \quad \Longleftrightarrow \quad x = 4.$$

L 1.21

a) Beidseitiges Logarithmieren ergibt $2x + 1 = \ln 10$, also $x = \frac{\ln 10 - 1}{2} \approx 0{,}651$.

b) Besitzt keine Lösung, da $e^{3-x} > 0$ für alle $x \in \mathbb{R}$ gilt (bzw. $\ln(-3)$ nicht definiert ist).

c) $50 - 44 \cdot e^{-2x} = 21 \Leftrightarrow -44 \cdot e^{-2x} = -29 \Leftrightarrow -2x = \ln\frac{29}{44} \Leftrightarrow x = -\frac{1}{2}\ln\frac{29}{44} \approx 0{,}208$

d) Alles auf eine Seite bringen, $e^{2x} - 7e^x + 12 = 0$, und $e^x = u$ substituieren. Aufgrund von $e^{2x} = (e^x)^2 = u^2$ erhalten wir dadurch die quadratische Gleichung $u^2 - 7u + 12 = 0$, die laut MNF oder Vieta die Lösungen $u_1 = 3$ und $u_2 = 4$ besitzt. Rücksubstitution $u = e^x$ bzw. $x = \ln u$ ergibt $x_1 = \ln 3$ und $x_2 = \ln 4$ als Lösungen der ursprünglichen Gleichung.

e) Zunächst wird die gesamte Gleichung mit e^x durchmultipliziert, um das e^{-x} zu beseitigen: $e^x \cdot e^x + 1 \cdot e^x - 6e^{-x} \cdot e^x = 0 \cdot e^x = 0$. Da $e^{-x} \cdot e^x = e^{-x+x} = e^0 = 1$ ist, bleibt $(e^x)^2 + e^x - 6 = 0$, was sich wieder mit der Substitution $e^x = u$ in die quadratische Gleichung $u^2 + u - 6 = 0$ überführen lässt. Vieta liefert $u_1 = -3$ und $u_2 = 2$ als Lösungen. Rücksubstitution $u = e^x$ bzw. $x = \ln u$ ergibt $x_1 = \ln(-3)$ n.d. (nicht definiert, da e^x niemals -3 ergibt) und $x_2 = \ln 2$. Somit ist $\ln 2$ die einzige Lösung.

f) Man macht auf beiden Seiten e-hoch, um den ln loszuwerden: $e^{\ln(2x)} = e^{\frac{1}{2}}$, also (da $e^{\ln \heartsuit} = \heartsuit$ gilt) $2x = e^{\frac{1}{2}} = \sqrt{e}$, d.h. $x = \frac{\sqrt{e}}{2}$.

L 1.22 Es ist $S - c \cdot e^{-kt} = y \Leftrightarrow -c \cdot e^{-kt} = y - S \Leftrightarrow e^{-kt} = \frac{y-S}{-c} = \frac{S-y}{c}$. Beidseitiges ln-Anwenden und Auflösen nach k liefert $k = -\frac{1}{t} \ln \frac{S-y}{c}$.

L 1.23 Zeichne dir wann immer nötig Bilder von $\mathbb{E}$ bzw. Skizzen der (Ko)Sinuskurve, um durch Symmetrieargumente auf alle Lösungen zu kommen. Dass ich dir das selbst zumute, hat natürlich rein pädagogische Gründe und nichts mit Bequemlichkeit meinerseits zu tun!

a) Alle Nullstellen des Kosinus, also $L = \{ \frac{\pi}{2} + k \cdot \pi \mid k \in \mathbb{Z} \}$.

b) Umformen führt auf $\sin(x) = -\frac{\sqrt{2}}{2}$, was als erste Lösung $x_1 = \frac{5\pi}{4}$ besitzt (Taschenrechner oder Überlegung an $\mathbb{E}$ mit $225°$). Nur der Spiegelpunkt von P_{x_1} an der y-Achse besitzt ebenfalls diesen Sinuswert, also ist $x_2 = \frac{7\pi}{4}$ die zweite Lösung in $[0;2\pi)$. Die weiteren Lösungen auf $\mathbb{R}$ erhält man durch Addieren von $k \cdot 2\pi$, d.h. wir erhalten als Lösungsmenge $L = \{ \frac{5\pi}{4} + k \cdot 2\pi, \frac{7\pi}{4} + k \cdot 2\pi \mid k \in \mathbb{Z} \}$.

c) Umgeformt ergibt sich $\cos(x) = -\frac{1}{3}$. Nun muss der Taschenrechner helfen; er liefert $x_1 = \arccos(-\frac{1}{3}) \approx 1{,}911$ als erste Lösung[1] (im zweiten Quadranten von $\mathbb{E}$). Der Spiegelpunkt von P_{x_1} an der x-Achse, sprich $P_{x_2} = P_{-x_1}$, ist der einzige weitere Punkt auf $\mathbb{E}$ mit Kosinuswert $-\frac{1}{3}$, d.h. $x_2 = -x_1 \approx -1{,}911$ ist die zweite Lösung. Nun liegen aber weder x_1 noch x_2 im Definitionsbereich $D = [\pi;3\pi] \approx [3{,}142;9{,}425]$ der Gleichung. Durch Addieren von 2π ändern wir dies: $x_3 = x_1 + 2\pi \approx 8{,}194$ und $x_4 = x_2 + 2\pi \approx 4{,}372$ sind die beiden gesuchten Lösungen in D, d.h. $L = \{ x_4, x_3 \}$.

d) Unter Beachtung von $\sqrt{x^2} = |x|$ ergibt Wurzelziehen $|\sin(x)| = \sqrt{0{,}49} = 0{,}7$ (Hand aufs Herz: Du hättest den Betrag vergessen, gell?), d.h. $\sin(x) = 0{,}7$ *oder* $\sin(x) = -0{,}7$. Eine Lösung der ersten Gleichung ist $x_1 = \arcsin(0{,}7) \approx 0{,}775$ (exakten Wert speichern fürs Weiterrechnen!) und aus Symmetrie an $\mathbb{E}$ folgt $x_2 = \pi - x_1 \approx 2{,}366$ als zweite Lösung.
Aufgrund von $\sin(-x) = -\sin(x)$ sind $x_3 = -x_1$ und $x_4 = -x_2$ Lösungen der zweiten Gleichung, $\sin(x) = -0{,}7$, die allerdings nicht in $D = [0;4\pi]$ liegen, weshalb wir zu $x_3' = x_3 + 2\pi \approx 5{,}508$ und $x_4' = x_4 + 2\pi \approx 3{,}917$ übergehen. Da D bis 4π geht (also zwei Umrundungen von $\mathbb{E}$), erhalten wir noch 4 weitere Lösungen, indem wir zu den ersten vier 2π addieren. Gerundet ist $L = \{ 0{,}775; 2{,}366; 3{,}917; 5{,}508; 7{,}059; 8{,}649; 10{,}200; 11{,}791 \}$.

e) Umgeformt lautet die Gleichung $\sin(2\pi x - \pi) = \frac{\pi}{\pi} = 1$. Damit der Sinus 1 wird, muss sein Argument (also das Ding in der Klammer) $\frac{\pi}{2} + k \cdot 2\pi$ mit $k \in \mathbb{Z}$ sein. Dies führt auf

$$2\pi x - \pi = \frac{\pi}{2} + k \cdot 2\pi \iff x = \frac{\pi + \frac{\pi}{2} + k \cdot 2\pi}{2\pi} = \frac{\frac{3\pi}{2}}{2\pi} + \frac{k \cdot 2\pi}{2\pi} = \frac{3}{4} + k,$$

womit wir $L = \{ \frac{3}{4} + k \mid k \in \mathbb{Z} \} = \{ \ldots, -\frac{1}{4}, \frac{3}{4}, \frac{7}{4}, \frac{11}{4}, \ldots \}$ erhalten.

f) Umformen führt auf $\cos(\pi x + 5) = 2$, was nicht erfüllbar ist, da stets $\cos \heartsuit \leqslant 1$ gilt, egal was man für $\heartsuit$ einsetzt. Somit ist $L = \{ \quad \}$.

L 1.24

a) Ausklammern des Kosinus liefert (*nicht* einfach durch $\cos(x)$ teilen[2], sonst gehen dir Lösungen verloren!)

$$\cos(x) \cdot (\cos(x) - 2) = 0 \overset{\text{NPS}}{\iff} \cos(x) = 0 \ \lor \ \cos(x) - 2 = 0.$$

---

[1] du darfst auch $\cos^{-1}(-\frac{1}{3})$ schreiben, wenn dich der Arcuskosinus erschreckt.
[2] Wenn du unbedingt teilen willst, dann aber bitte mit Fallunterscheidung wie in f).

Die erste Gleichung besitzt die Lösungen $x_{1,2} = \pm \frac{\pi}{2}$ in D, während die zweite Gleichung, $\cos(x) = 2$, keine Lösungen besitzt, da der Kosinus stets $\leqslant 1$ ist. Folglich ist $L = \{ \pm \frac{\pi}{2} \}$.

b) Wir setzen $\sin^2(x) = 1 - \cos^2(x)$ ein und erhalten

$$3\cos^2(x) - 1 = 1 - \cos^2(x) \quad \Longleftrightarrow \quad 4\cos^2(x) = 2 \quad \Longleftrightarrow \quad \cos^2(x) = \frac{1}{2}.$$

Wurzelziehen (Betrag beachten!) führt auf

$$|\cos(x)| = \sqrt{\frac{1}{2}} = \frac{1}{\sqrt{2}} = \frac{\sqrt{2}}{2} \quad \Longleftrightarrow \quad \cos(x) = \pm \frac{\sqrt{2}}{2}.$$

An $\mathbb{E}$ erkennt man die Lösungen $x_{1,2} = \pm \frac{\pi}{4}$ und $x_{3,4} = \pm \frac{3\pi}{4}$, also ist $L = \{ \pm \frac{\pi}{4}, \pm \frac{3\pi}{4} \}$.

c) Setzen wir $\cos(x) = u$, so bleibt die quadratische Gleichung $2u^2 - 7u + 3 = 0$ zu lösen. Die Mitternachtsformel liefert

$$u_{1,2} = \frac{7 \pm \sqrt{(-7)^2 - 4 \cdot 2 \cdot 3}}{2 \cdot 2} = \frac{7 \pm \sqrt{25}}{4} = \begin{cases} 3 \\ \frac{1}{2} \end{cases}.$$

Die Rücksubstitution $u = \cos(x)$ führt auf $\cos(x) = 3$ oder $\cos(x) = \frac{1}{2}$. Die erste Gleichung ist unlösbar, während die zweite die Lösungen $x_{1,2} = \pm \frac{\pi}{3}$ besitzt, wie man an $\mathbb{E}$ erkennt. Somit ist $L = \{ \pm \frac{\pi}{3} \}$.

d) $\sin^2(x) = 1 - \cos^2(x)$ und umformen führt auf $10\cos^2(x) + 3\cos(x) - 1 = 0$. Substituieren, MNF und Rücksubstitution wie eben in c) ergibt $\cos(x) = 0{,}2$ oder $\cos(x) = -\frac{1}{2}$. Die erste Gleichung hat $x_1 = \arccos(0{,}2) \approx 1{,}369$ und $x_2 = -x_1$ (Symmetrie von cos an $\mathbb{E}$) als Lösungen, während die zweite Gleichung für $x_{3,4} = \pm \frac{2\pi}{3}$ erfüllt ist (nutze $\cos(\frac{\pi}{3}) = \frac{1}{2}$ plus Symmetrien an $\mathbb{E}$). Damit ist $L = \{ \pm 1{,}369; \pm \frac{2\pi}{3} \}$.

e) Unter Verwendung von $\tan(x) = \frac{\sin(x)}{\cos(x)}$ erhalten wir

$$\sin(x) + 3\frac{\sin(x)}{\cos(x)} = 0 \quad \Longleftrightarrow \quad \sin(x) \cdot \left(1 + 3\frac{1}{\cos(x)} \right) = 0.$$

Nach dem NPS folgt $\sin(x) = 0$, also $x_1 = -\pi$ und $x_2 = 0$ (π liegt nicht mehr in D), oder die Klammer muss verschwinden, was auf $\frac{3}{\cos(x)} = -1$ bzw. $\cos(x) = -3$ führt. Da dies nicht erfüllbar ist, ergibt sich $L = \{ -\pi, 0 \}$.

f) Die Gleichung ist äquivalent zu $\sin(x) = 2\cos(x)$. Teilen durch Kosinus (erlaubt für alle $x \in D$ mit $\cos(x) \neq 0$, also für $x \neq \pm \frac{\pi}{2}$) ergibt

$$\frac{\sin(x)}{\cos(x)} = \tan(x) = 2.$$

Mit dem Taschenrechner folgt $x_1 = \arctan(2) \approx 1{,}107$ und aufgrund der π-Periodizität des Tangens ist $x_2 = x_1 - \pi \approx -2{,}034$ eine weitere Lösung in D. Bleiben noch die vorhin ausgeschlossenen Fälle $x = \pm \frac{\pi}{2}$ zu untersuchen: Es handelt sich um keine Lösungen von $\sin(x) - 2\cos(x) = 0$, wie man durch Einsetzen sieht (der Kosinus wird 0, aber der Sinus nicht). Gerundet ist $L = \{ -2{,}034; 1{,}107 \}$.

L 1.25   Am einfachsten lässt sich L als Nullstellenmenge eines geeignet verschobenen und gestreckten Sinus realisieren. Die Nullstellen des gewöhnlichen Sinus liegen bei $x = k \cdot \pi$, d.h. wir müssen die Periode durch einen x-Vorfaktor $b = \frac{1}{4}$ vervierfachen, sprich die Sinuskurve in x-Richtung mit Faktor 4 strecken: $\sin(\frac{1}{4}x)$. Da die Nullstellen so aber bei 0 anstatt bei π anfangen, müssen wir noch um π nach rechts verschieben, d.h. eine mögliche Gleichung lautet

$$\sin\left(\frac{1}{4}\left(x-\pi\right)\right)=0.$$

L **1.26**   Es handelt sich um eine Gleichung der Form $\cos(\heartsuit)=\cos(\diamondsuit)$, wobei $\heartsuit$ und $\diamondsuit$ selbst Funktionen von x sind: $\heartsuit(x)=2x$ und $\diamondsuit(x)=5x-1$. Sie ist sicherlich erfüllt, wenn $\heartsuit=\diamondsuit$ gilt, und aufgrund der Periodizität des Kosinus sogar für $\heartsuit=\diamondsuit+k\cdot2\pi$ für $k\in\mathbb{Z}$. Dies führt schon mal auf

$$2x=5x-1+k\cdot2\pi \iff 3x=1-k\cdot2\pi \iff x=\frac{1}{3}-k\cdot\frac{2\pi}{3} \qquad (k\in\mathbb{Z}).$$

An $\mathbb{E}$ (bzw. anhand der y-Achsen-Symmetrie der Kosinuskurve) erkennt man, dass es noch genau eine weitere Möglichkeit für $\cos(\heartsuit)=\cos(\diamondsuit)$ gibt, nämlich $\heartsuit=-\diamondsuit$ bzw. unter Berücksichtigung der Periodizität $\heartsuit=-\diamondsuit+k\cdot2\pi$ mit $k\in\mathbb{Z}$. Dies ergibt

$$2x=-(5x-1)+k\cdot2\pi \iff 7x=1+k\cdot2\pi \iff x=\frac{1}{7}+k\cdot\frac{2\pi}{7} \qquad (k\in\mathbb{Z}).$$

Somit erhalten wir $L=\{\,\frac{1}{3}-k\frac{2\pi}{3},\frac{1}{7}+k\frac{2\pi}{7}\mid k\in\mathbb{Z}\,\}$.

L **1.27**   LGS / Matrix aufstellen und lösen bitteschön selber!

a) Wie in Beispiel 1.30 ergibt sich $f(x)=-x^2+3x+4$.

b) Punktprobe mit S: $f(2)=-1$; Scheitel bedeutet zudem Extremstelle, also $f'(2)=0$. Tangente bei $x=4$ parallel zu $y=2x+\pi^2$ bedeutet, dass die Steigung von K_f bei $x=4$ gleich der Steigung dieser Geraden, also $m=2$, ist: $f'(4)=2$. Es folgt $f(x)=0{,}5x^2-2x+1$.

c) Es ist $f(-2)=3$, $f(-1)=1$, sowie $f''(-1)=0$ (da W Wendepunkt) und $f'(-1)=-3$ (Steigung der Wendetangente). Es folgt $f(x)=x^3+3x^2-1$.

d) Der allgemeine Ansatz $f(x)=ax^4+bx^3+cx^2+dx+e$ reduziert sich auf $f(x)=ax^4+cx^2+e$, da aufgrund der Achsensymmetrie von K_f die ungeraden Hochzahlen entfallen müssen. Berühren der x-Achse bei $x=1$ bedeutet $f(1)=0$ *und* $f'(1)=0$. Wendestelle bei $x=-\frac{1}{\sqrt{3}}$ impliziert $f''(-\frac{1}{\sqrt{3}})=0$. Gemein: $f'(1)=0$ und $f''(-\frac{1}{\sqrt{3}})=0$ liefern beide dieselbe Gleichung $4a+2c=0$, d.h. man erhält ein unterbestimmtes LGS (2 Gleichungen für 3 Unbekannte a, c, e). Dessen Lösungsmenge enthält somit einen Parameter; $L=\{\,(t,-2t,t)\mid t\in\mathbb{R}\backslash\{0\}\,\}$. Insgesamt erhält man die Funktionenschar $f_t(x)=tx^4-2tx^2+t=t\cdot(x^4-2x^2+1)$ mit $t\neq0$ als Lösung.

Lösungen zu Kapitel 2

L **2.1**   Lösung hier nur durch Äquivalenzumformungen.

a) $\frac{2}{3}x-6<0 \iff \frac{2}{3}x<6 \iff x<\frac{3}{2}\cdot6=9$; $L=\{\,x\in\mathbb{R}\mid x<9\,\}=(-\infty\,;9)$.

b) $-\frac{1}{2}x+1\geqslant\frac{1}{3}x+3 \iff -\frac{5}{6}x\geqslant2 \iff x\leqslant2\cdot(-\frac{6}{5})=-\frac{12}{5}$; $L=(-\infty\,;-\frac{12}{5}]$.

L **2.2**   Erstelle die zugehörigen Parabelskizzen selbst (kein Bock mehr...).

a) Die zugehörige Gleichung, $x^2-2x-8=0$, besitzt die Lösungen $x_1=-2$ und $x_2=4$ (Vieta). Die Parabel $y=x^2-2x-8$ ist nach oben geöffnet, d.h. sie verläuft zwischen ihren Nullstellen -2 und 4 unterhalb der x-Achse, links und rechts davon oberhalb. Somit ist $L=[-2\,;4]$.

b) Die Gleichung $x^2 + x + 2 = 0$ besitzt keine Lösungen (negative Diskriminante), d.h. die zugehörige Parabel besitzt keine Nullstellen. Die Ungleichung ist somit entweder für alle $x \in \mathbb{R}$ erfüllt oder für keines. Da sie z.B. für $x = 0$ nicht erfüllt ist ($2 < 0\ \lightning$), folgt $L = \{\ \}$. (Alternativ: Die Parabel $y = x^2 + x + 2$ ist nach oben geöffnet. Wenn sie also keine Nullstellen besitzt, muss sie komplett oberhalb der x-Achse verlaufen, d.h. $x^2 + x + 2 < 0$ ist für kein x erfüllbar.)

c) Die zugehörige Gleichung ist äquivalent zu $-2x^2 + x + 10 = 0$ mit Lösungen $x_1 = -2$ und $x_2 = \frac{5}{2}$ (MNF). Da die Parabel $y = -2x^2 + x + 10$ nach unten geöffnet ist, gilt $-2x^2 + x + 10 < 0$ links und rechts von den Nullstellen, d.h. $L = (-\infty\,;-2) \cup (\frac{5}{2}\,;\infty)$.

L **2.3**

a) Da $\mathrm{e}^{-x^2} > 0$ für alle $x \in \mathbb{R}$ gilt, ist Teilen durch diesen Faktor eine Äquivalenzumformung, die das Größer-Zeichen erhält:

$$\mathrm{e}^{-x^2} \cdot (x^2 - 4) > 0 \quad\Longleftrightarrow\quad x^2 - 4 > 0 \quad\Longleftrightarrow\quad |x| > 2 \quad\Longleftrightarrow\quad x < -2 \vee x > 2.$$

(Wer mag, kann $x^2 - 4 > 0$ auch als $(x - 2) \cdot (x + 2) > 0$ schreiben und dann eine Fallunterscheidung machen). Die Lösungsmenge ist $L = (-\infty\,;-2) \cup (2\,;\infty)$.

b) Damit $x \cdot (x - 4) \geqslant 0$ gilt, müssen die beiden Faktoren x und $x - 4$ das gleiche Vorzeichen besitzen (oder 0 sein), d.h. es sind die zwei folgenden Fälle zu untersuchen:

<u>Fall 1:</u> $x \geqslant 0$ und $x - 4 \geqslant 0$, d.h. zusammen $x \geqslant 4$.

<u>Fall 2:</u> $x \leqslant 0$ und $x - 4 \leqslant 0$, d.h. zusammen $x \leqslant 0$.

Somit lautet die Lösungsmenge $L = (-\infty\,;0] \cup [4\,;\infty)$. (Mit der Methode aus Lösung 2.2 kommt man hier natürlich auch zum Ziel.)

c) Damit $(x^2 - 1) \cdot (x + 4) \leqslant 0$ wird, müssen die beiden Faktoren $x^2 - 1$ und $x + 4$ verschiedene Vorzeichen besitzen (oder 0 sein), d.h. es sind zwei Fälle zu untersuchen:

<u>Fall 1:</u> $x^2 - 1 \geqslant 0$ und $x + 4 \leqslant 0$, d.h. $|x| \geqslant 1$ und $x \leqslant -4$. Da $|x| \geqslant 1$ für $x \leqslant -1$ oder $x \geqslant 1$ gilt, sind beide Bedingungen zusammen nur für $x \leqslant -4$ erfüllt, wie man in Abbildung L.3 erkennen kann (wer's braucht).

<u>Fall 2:</u> $x^2 - 1 \leqslant 0$ und $x + 4 \geqslant 0$, d.h. $|x| \leqslant 1$ und $x \geqslant -4$, was zusammen für $|x| \leqslant 1$, also für $-1 \leqslant x \leqslant 1$ gilt.

Insgesamt lautet die Lösungsmenge $L = (-\infty\,;-4] \cup [-1\,;1]$.

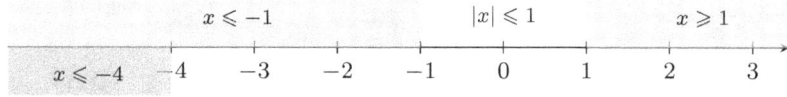

Abbildung L.3

Literaturverzeichnis

[1] Barth, Federle, Haller: *Algebra 4.* Ehrenwirth (1992)

   Hinweis für KollegInnen: Zuschnappen, falls es Bücher dieser Reihe noch irgendwo gebraucht gibt. Bessere und tiefgreifendere Schulbücher gibt es kaum.

[2] Glosauer, T.: *Mathematik in der Kursstufe, Band 1: Analysis.* CreateSpace (2017)

[3] Glosauer, T.: *(Hoch)Schulmathematik.* Springer Spektrum, 2. Aufl. (2017)

   Begleitbuch zum Wahlfach „Vertiefungskurs Mathematik" (BaWü), welches den mathematischen Übergang an die Hochschule erleichtern soll.

[4] *Erwartete Kompetenzen im Bereich der Gleichungslehre*; pdf-Datei zum Abitur 2019 in Baden-Württemberg.
   https://rp.baden-wuerttemberg.de/rpt/Abt7/Fachberater/
   Documents/2019-Gleichungslehre.pdf

Stichwortverzeichnis

www.ingramcontent.com/pod-product-compliance
Lightning Source LLC
Chambersburg PA
CBHW081630220526
45468CB00009B/2378